AF591983

AVENIR

DE

GRANDES EXPLOITATIONS AGRICOLES

ÉTABLIES SUR LES CÔTES

DU

VÉNÉZUÉLA

PAR

J. A. BARRAL

Secrétaire perpétuel de la Société nationale d'agriculture de France

PARIS

G. MASSON, ÉDITEUR
120, BOULEVARD ST-GERMAIN

GUILLAUMIN ET Cie
14, RUE RICHELIEU

1881

AVENIR

DE

GRANDES EXPLOITATIONS AGRICOLES

ÉTABLIES SUR LES CÔTES

DU

VÉNÉZUÉLA

PAR

J. A. BARRAL

Secrétaire perpétuel de la Société nationale d'agriculture de France

PARIS

G. MASSON, ÉDITEUR
120, BOULEVARD ST-GERMAIN

GUILLAUMIN ET Cie
14, RUE RICHELIEU

1881

AVENIR

DE

GRANDES EXPLOITATIONS AGRICOLES

ÉTABLIES SUR LES CÔTES

DU

VÉNÉZUÉLA

AVENIR
DES GRANDES EXPLOITATIONS AGRICOLES
ÉTABLIES SUR LES COTES
DU
VÉNÉZUÉLA

CHAPITRE PREMIER

INTRODUCTION

Cet écrit a été composé pour répondre à des questions sur l'avenir d'établissements agricoles qui seraient créés sur les côtes du Vénézuéla, dans des conditions supposant l'emploi de tous les procédés de culture et d'exploitation en rapport avec l'état actuel de l'agriculture perfectionnée, mais soumise cependant à la vérification d'une pratique éprouvée.

Nous avons eu spécialement, pour le rédiger, de nombreux documents qui nous ont été remis par M. Delort, chef d'une mission agricole remplie dans ce vaste État en 1879; M. Delort nous avait d'abord entretenu de la vive impression que lui avait faite l'étude des cultures qu'il avait visitées, et de la pensée qu'il avait conçue que des propriétés exploitées dans le Vénézuéla, en s'appuyant sur les données actuelles

de la science agronomique, devaient être plus prospères que toutes celles que l'on tenterait de mettre en production dans la plupart des autres régions américaines, au double point de vue de l'intérêt général de l'Europe, et des intérêts particuliers de ceux qui tenteraient l'épreuve. Cette vue nous avait tout de suite paru profondément juste. Une contrée, située comme l'est le Vénézuéla, a cette fortune d'être propre à produire en abondance des denrées coloniales dont le monde entier fait usage, alors que les pays qui peuvent les fournir sont limités à des climats relativement restreints. En amenant à un haut degré de perfection et de puissance l'agriculture d'une telle contrée, on ne fait nullement concurrence à l'agriculture européenne, on ne dérange aucunement les spéculations les plus convenables à l'agriculture française, on n'est pas exposé à créer des produits dont l'abondance amènerait l'écrasement, sur nos propres marchés, des cours des céréales, ou de la viande et des matières animales.

On peut avoir, sans aucun scrupule, des capitaux engagés là-bas et ici, car ils concourront ensemble à accroître la richesse publique sans se porter réciproquement aucune nuisance. Ce n'est pas qu'il y ait lieu, en principe, de craindre que jamais une denrée végétale ou animale, de consommation générale, puisse être produite en trop grande quantité; mais il est de toute évidence qu'il faut s'efforcer de faire naître et développer, dans chaque pays, les végétaux et les animaux qui lui conviennent le mieux; si l'on peut, en Europe, avoir du blé dans de bonnes conditions, tandis qu'on ne peut y récolter du café ou du cacao, il est convenable, dans une région où ces deux denrées sont facilement obtenues, de chercher à les faire venir de préférence à du froment. A chaque agriculture, sa prospérité.

Nous avons donc accepté de traiter la question qui nous était soumise en demandant qu'elle fût bien précisée. M. Delort s'est rendu à notre désir par la lettre suivante :

« Paris, le 24 septembre 1880.

« Monsieur,

« Je m'empresse de répondre à la lettre que vous m'avez fait l'honneur de m'adresser relativement au rapport sur des propriétés au Vénézuéla, dont, sur ma demande, vous voulez bien vous charger.

« L'ensemble des travaux que je vous ai fait tenir indique clairement le but de l'entreprise que nous nous proposons. Les renseignements, recueillis avec conscience dans le cours de sérieuses explorations, présentent des éléments qui, réunis et classés par vos soins, offriront des conclusions que votre grande expérience rendra plus saisissantes.

« Il nous importe beaucoup d'avoir votre haute appréciation sur les avantages qu'on est en droit d'attendre d'exploitations agricoles dans lesquelles les cultures du cacaoyer, de la canne à sucre, du caféier, de la ramie et d'autres plantes textiles, du maïs, etc., etc., ainsi que l'élevage des bestiaux, seront entrepris sur de vastes territoires choisis qui, du niveau de la mer, s'élèvent en amphithéâtre jusqu'à plus de deux mille mètres d'altitude.

« Toutes ces questions vous sont familières; nul ne saurait les traiter avec plus d'autorité. Nous vous sommes profondément reconnaissants du gracieux concours que vous voulez bien nous donner.

« Veuillez agréer, Monsieur, l'expression de mes sentiments de respectueuse considération.

« TH. DELORT. »

Nous n'eussions pas accepté de remplir la tâche qui nous était proposée, si nous n'avions été préparé depuis longtemps par la lecture des travaux d'Alexandre de Humboldt et de M. Boussingault, nos illustres maîtres, qui ont posé les bases de nos appréciations et dont les écrits permettent des comparaisons sérieuses avec les documents récemment recueillis.

Nous devons nous hâter d'ajouter que les notes de M. Delort contenaient les détails les plus précieux et de la plus haute importance. Si nous avons pu composer un petit livre intéressant, c'est à lui surtout que nous le devons. Chargé d'une mission d'exploration dans le Vénézuéla par MM. Pereire dont l'intelligente et puissante initiative a fait tant de bien, M. Delort a vu les choses de près et il les a bien vues; il a jeté par ses observations un jour tout nouveau sur les constatations faites par les voyageurs qui l'ont précédé dans le Vénézuela.

Pour que le travail qui nous a été demandé remplisse les conditions de clarté et d'exactitude qu'on doit désirer, nous passerons successivement en revue l'état général de la République du Vénézuéla, son agriculture, son industrie, son commerce; nous traiterons ensuite des cultures spéciales qu'on peut y entreprendre avec succès, en insistant particulièrement sur celles des plantes dites coloniales; l'élevage du bétail sera étudié à son tour avec attention; puis, nous ferons l'application des données générales précédemment établies aux propriétés choisies pour y fonder les exploitations projetées; enfin, nons examinerons avec attention les questions des frais de main-d'œuvre, des capitaux nécessaires, ainsi que des moyens d'assurer d'une manière inébranlable la prospérité de l'entreprise.

CHAPITRE II

LA RÉPUBLIQUE DES ÉTATS-UNIS DU VÉNÉZUÉLA.

Un peuple qui vit de l'agriculture a besoin principalement de deux choses pour être dans une situation florissante : la sécurité intérieure pour travailler, et la liberté du commerce pour vendre les produits récoltés. Dans le Vénézuéla, plus que dans toutes les autres parties de l'Amérique, ces deux biens sont maintenant assurés par une constitution sagement établie, et par des mœurs qui considèrent le respect des lois comme nécessaire à la vie de toute société. Les occupations rurales ont toujours ce résultat, absolument certain d'ailleurs, dans toute contrée où la nature s'est montrée libéralement féconde, à la seule condition qu'on la secondera par un travail bien ordonné et persévérant.

Le Vénézuéla, situé dans les régions tropicales entre le 1er et le 11e degrés de latitude sur l'hémisphère boréal, entre le 60e et le 80e degrés de longitude occidentale, a une étendue d'environ 110 millions d'hectares, soit près de deux fois celle de la France. Cette immense contrée doit son nom à la ressemblance que les Espagnols trouvèrent entre plusieurs villes indiennes situées sur le lac Maracaïbo, et Venise, bâtie sur des lagunes; mais elle est extrêmement variée, renferme de très hautes montagnes à côté d'immenses plaines, et présente des parties très fertiles et couvertes de riches plantations, tandis que d'autres espaces très vastes sont presque sans culture. Sa conquête par les Espagnols fut longue et difficile; elle resta même incomplète, car des peuplades indiennes, qu'Alexandre de Humboldt a rencontrées au commencement de ce siècle, ne cessèrent jamais d'errer dans quelques-unes des imposantes solitudes des bords de l'Orénoque, dont l'illustre voyageur a donné de si admirables descriptions. Quoi qu'il en soit, l'Espagne en avait formé une Capitainerie générale, dont la juridiction s'étendait au milieu du seizième siècle sur les provinces de Caracas, de Cumana, de la Guyane, de Maracaïbo, de Barinas; elle y fit régner jusque vers la fin du dix-huitième siècle la plus rigoureuse servitude, en soumettant en même temps les indigènes aux traitements les plus impitoyables. La révolte devait venir. Les complots pour la délivrance du pays commencèrent dès 1797; malgré les répressions sanglantes, ils se multiplièrent. La guerre pour l'indépendance enflamma toutes les provinces dès 1810, et longtemps donna lieu à d'épiques combats où les noms des généraux Miranda, Bolivar, Paez, acquirent une illustration immortelle. Après une union de quelques années avec la Nouvelle-Grenade, le Vénézuéla fut enfin en 1830 érigé en République indépendante. Mais la forme définitive du gouvernement ne put être assise qu'après de longs déchirements intérieurs. Enfin la constitution du 28 avril 1864 établit le système fédératif; elle est restée en vigueur. Paez, Vergas, Carlos Soublette, Tadeo Monagas, Tovar, Falcon, Guzman - Blanco, ont été successivement présidents de la République Vénézuélienne; le dernier a rendu à son pays d'immenses services en faisant régner le calme, et en donnant une vive impulsion aux travaux publics.

La République des États-Unis du Vénézuéla forme une confédération composée de 21 États. Elle est bornée : au Nord par la mer des Antilles, au Nord-Est par l'Océan Atlantique, à l'Est par la Guyane anglaise, au Sud par l'Empire du Brésil, à l'Ouest par les États-Unis de Colombie. Les côtes ont un développement de 1200 kilomètres ; il faut y signaler le golfe de Maracaïbo, le golfe de Coro, la presqu'île de Paraguana, le golfe Triste, le cap Codera, un grand nombre d'îles parmi lesquelles celles de Tortuga et de Margarita, la presqu'île de Cumana et la baie de Paria, et enfin, près de la frontière de la Guyane anglaise, le vaste delta formé par l'embouchure de l'Orénoque. Voici les noms des 21 États, avec leurs chefs-lieux, en commençant par ceux qui sont maritimes, et en allant de l'Ouest à l'Est :

Zulia, dont la capitale est Maracaïbo, fondée en 1571, comptant 5 départements : Maracaïbo, Altagracia, Fraternidad, Gibraltar, Perija.

Trujillo, ayant pour capitale la ville du même nom, fondée en 1556, comptant 8 départements : Trujillo, Bocono, Carache, Escuque, Valera, Betijoque, Santa Ana, Jajo.

Falcon, dont la capitale est Coro, comptant 7 départements : Coro, Petit (Cabure), Buchivacoa (Capatarida), Falcon (Paraguana), Colina (La Vela), Zamora (Cumarebo), Acosta (Capadare).

Yaracuy, dont San Felipe est la capitale, comptant 5 départements : San Felipe, Yaritagua, Nirgua, Urachiche, Sucre.

Carabobo, dont la capitale, Valencia, a été fondée en 1554, comptant 6 départements : Valencia, Puerto Cabello, Guacara, Montalban, Ocumare, Bejuma.

Guzman Blanco, dont la capitale est Victoria, comptant sept départements : Victoria, Marino, Urdaneta, Maracay, Turmero, Cura, San Sebastian.

Bolivar, où se trouve Caracas, fondée en 1567, qui est la capitale de la République ; cet État compte 13 districts : Petare, Vargas, Aguado, Guaicaipuro, Ocumare del Tuy, Guzman Blanco, Santa Lucia, Guarenas, Guatire, Rio-Chico, Acevedo, Curiepe, Caucagua.

Barcelona, dont la capitale est la ville du même nom, comptant 9 départements : Monagas (Clarines), Piritu, Onoto, César (San Mateo), Fréite (Cantaura), Aragua, Pao, San Diego, Soledad.

Cumana, dont la capitale est aussi la ville du même nom ; comptant 6 départements : Sucre (Cumana), Rivero (Cariaco), Carupano, Rio-Caribe, Marino (Guiria), Montes (Cumanacoa).

Nueva Esparta, comptant 8 départements : Asuncion, Porlamar, San José, Norte, Sucre, Marcano, San Juan Bautista, Union.

Maturin, ayant également pour capitale la ville du même nom ; comptant 4 départements : Maturin, Piar (Aragua), Bermudez (Caicara), Sotillo (Barrancas).

Guyana, dont la capitale est Ciudad Bolivar ; comptant 4 départements : Herès, Roscio, Zea, Cedeno.

Tachira, ayant pour capitale San Cristobal, fondée en 1585, comptant 6 départements : San Cristobal, Tariba, San Antonio, Lobatera, Michelena, La Grita.

Mérida, ayant pour capitale la ville de même nom, comptant 7 départements : Merida, Campo Elias, La Union, Tovar, Muchuchies, Timotes, Paez.

Zamora, dont la capitale est Barinas ; comptant 5 départements : Barinas, Nutrias, Pedraza, Obispos, Rojas (Libertad).

Apure, dont la capitale est San Fernando, comptant

4 départements : San Fernando, Achaguas, Munoz, Guasdualito.

Portugueza, ayant pour capitale Guanure ; comptant 5 départements : Guanure, Guanarito, Ospino, Araure, Turen.

Cojedes, ayant pour capitale San Carlos, comptant 5 départements : San Carlos, Tinaco, Tinaquilo, Giraldot (Baul), Pao.

Barquisimeto, ayant pour capitale la ville de même nom ; comptant 6 départements : Barquisimeto, Cabudare, Quibor, Tocuyo, Carora, Urdaneta (Siquisique).

Guarico, dont la capitale est Calabozo, comptant 6 départements : Jimenez (Calabozo), Crespo, Arismendi (Sombrero), Cedeno (Orituco), Infante (Chaguaramas), Zaraza (Unare).

District Fédéral Libertador, comprenant 11 municipalités, dont 6 pour la ville de Caracas, à savoir : Catédral, Altagracia, San Pablo, Santa Rosalia, San Juan, Candelaria, et 5 pour les faubourgs, qui sont : El Recreo, Chacao, El Valle, la Vega, Antimano.

La population totale de la République était de 1,356,000 habitants en 1851 ; elle s'élevait à 1,570,000 en 1866 ; elle atteignait 1,784,200 habitants en 1873. Le dernier recensement a donné 60,000 habitants pour le district fédéral, c'est-à-dire pour la ville de Caracas et ses faubourgs ; ce total se composait de 55,958 Vénézuéliens, 2,250 Espagnols, 411 Français, 414 Allemands, 164 Anglais, 242 Italiens, 219 appartenant aux autres Républiques de l'Amérique du Sud, et 37 à l'Amérique du Nord, 175 Hollandais, 43 Danois, 95 à d'autres pays ; ces nombres caractérisent la nation Vénézuélienne, qui maintenant est bien constituée. Dans la République, l'immigration étrangère est en croissance, sous l'influence des lois protectrices de la liberté et de la propriété. Tous ces renseignements sont donnés avec précision dans l'excellent ouvrage de M. Miguel Téjéra, intitulé : « *Venezuela pintoresca e illustrada* » (1875).

Tous les États confédérés sont libres et souverains dans une certaine mesure ; ils ne peuvent être régis que par un gouvernement démocratique, électif, représentatif et responsable. Ils s'administrent eux-mêmes[1], mais ils doivent être tous soumis à une législature civile et criminelle uniforme. La législature de chaque État doit comprendre au moins sept membres. A la tête de chaque État est un gouverneur, nommé par le président de la République, sur une liste de trois membres présentés par la législature provinciale. Les Etats fournissent en cas de guerre un contingent fixe, ils ont en outre certains devoirs à remplir les uns envers les autres, notamment en ce qui concerne la canalisation des cours d'eau et le transit des marchandises, par leurs frontières réciproques.

Le Pouvoir législatif de la Confédération appartient à deux Chambres : le Sénat et la Chambre des représentants. Cette dernière est renouvelée en totalité tous les deux ans ; le Sénat est renouvelé tous les deux ans par moitié. Chaque Etat élit deux sénateurs et un député, par groupe de 25,000 habitants. Les Chambres se réunissent à Caracas, le 20 février de chaque année, de plein droit et sans convocation. Dans certains cas spécifiés, les deux Chambres se réunissent ensemble et forment le Congrès. Le Pouvoir législatif fait les lois, fixe le contingent de l'armée, déclare la guerre, requiert le Pouvoir exécutif de conclure la paix, approuve ou rejette les conventions diplomatiques, est chargé de rédiger un code de lois applicables à toute la Confédération. Les territoires dépeuplés ou habités par les Indiens sont régis par des lois spéciales; ils dépendent immédiatement du Pouvoir exécutif.

Le Pouvoir Exécutif est confié à un Président qui administre le pays, choisit les ministres au nombre de six, nomme aux fonctions diplomatiques, et à quelques autres emplois spécifiés par la Constitution. En cas de guerre étrangère, il peut exiger d'avance les impôts, et suspendre les garanties que la Constitution assure aux personnes, excepté celle de la vie. Il est, ainsi que le vice-président et les ministres, responsable devant les Chambres. Le président est élu pour 2 ans au scrutin direct et secret par les États; il est rééligible; le vice-président est également élu. Une haute cour de justice, composée de 5 membres nommés à l'élection juge les délits diplomatiques, règle les questions de compétence et les conflits qui peuvent surgir entre les États fédérés.

L'esclavage a été aboli au Vénézuéla; les nègres et les hommes de couleur jouissent des mêmes droits que les blancs, et peuvent arriver à tous les emplois. La Constitution regarde comme sujets vénézuéliens tous ceux qui sont nés sur le territoire de la République, même les fils d'étrangers; elle admet la liberté de la presse, la liberté d'enseignement, de réunion, d'association. Aucun Vénézuélien ne peut être saisi pour dettes, sauf les cas où il y aurait fraude ou délit. Aucun accusé ne peut être mis en arrestation avant une information sommaire, établissant sa culpabilité. La religion catholique est regardée comme la religion de l'État, et seule elle peut être exercée publiquement dans les temples; cependant, les Américains, les Français et les Anglais, peuvent exercer tout autre culte, soit à l'intérieur des maisons, soit dans des chapelles particulières. L'instruction primaire est obligatoire, gratuite et laïque. L'instruction secondaire est donnée dans treize collèges, et l'instruction supérieure par l'Université de Caracas. Le service militaire est obligatoire; il dure quatre ans; chaque État fournit son contingent à l'armée, dont l'effectif est de 5000 à 6000 hommes, et se renouvelle chaque année par quart.

Telles sont les conditions au milieu desquelles des établissements agricoles ou industriels doivent vivre au Vénézuéla. Elles ont, depuis 1872 surtout, donné une véritable sécurité, qui a permis au commerce intérieur de se développer, comme on va le voir dans le chapitre suivant. L'agriculture, particulièrement, a commencé à prendre un heureux essor ; mais il serait désirable que les voies de communication fussent multipliées ou améliorées, et que des chemins de fer fussent construits. Il n'existe encore qu'un chemin de fer de 113 kilomètres de longueur; il a été construit par des Anglais dans l'État de Falcon pour aller d'Aroa à Puerto-Tucacas, principalement en vue de l'exploitation de mines de cuivre.

Le territoire total du Vénézuéla peut être divisé en trois grandes zones, qu'il convient de définir succinctement, afin de donner une idée bien exacte de la richesse de cette si intéressante contrée, qui ne compte pas aujourd'hui encore la vingtième partie de la population qu'elle pourrait facilement nourrir et rendre une des plus heureuses et des plus prospères du globe.

La première zone, qu'on peut appeler la zone agricole, est comprise entre les côtes et les savanes ou Llanos; elle compte 26 millions d'hectares d'une grande fertilité, et dont 1 800 000 seulement ont été défrichés et mis en partie en culture depuis la conquête. Dans cette zone maritime se trouvent plus de 50 baies et de 30 ports; elle est ainsi susceptible de faciles exportations, et en même temps elle présente une fécondité extraordinaire.

Elle pourrait certainement nourrir avec abondance au delà de 10 millions d'habitants, alors que maintenant il ne s'en trouve pas, disséminés, de 1 million à 1 100 000, c'est-à-dire le dixième environ. C'est là qu'on trouve la plus magnifique variété de produits naturels, le café, le cacao, le sucre, le coton, le tabac, l'indigo, la cochenille, sans parler des céréales et des plantes de consommation générale. Toutes ces denrées alimentent aujourd'hui le commerce du Vénézuéla, qui s'effectue surtout par les ports situés sur la mer des Antilles, notamment la Guaira et Puerto Cabello.

La seconde zone est celle des Llanos ou savanes; elle comprend environ 24 millions d'hectares, sur lesquels on ne compte guère que 700 000 habitants, tandis que plus de 7 à 8 millions d'âmes y trouveraient une vie aisée, surtout avec l'élevage du bétail, qui y serait facile. De nombreux cours d'eau l'arrosent, de telle sorte que les pâturages y sont abondants et pourraient servir à l'entretien de troupeaux de bétail et de chevaux avec lesquels on pourrait créer des sources intarissables de revenu.

La troisième zone se développe sur une étendue d'environ 60 millions d'hectares ; c'est celle des bois, des forêts vierges, des montagnes sans culture. Là vivent des peuplades d'Indiens encore indépendants, puis des tribus à moitié gagnées à la civilisation, « et qui entretiennent, dit M. Auguste Meulemans dans ses *Études historiques et statistiques sur les États de l'Ancien et du Nouveau Monde encore dans l'enfance*, des relations bienveillantes avec des familles créoles, soit d'origine espagnole, soit de sang mêlé. » Elles sont innombrables, les richesses forestières que l'on exploitera un jour dans cette vaste contrée. « On évalue, ajoute le même auteur, à 16 millions d'âmes le chiffre des colons qui trouveraient là le moyen de vivre dans une prospérité bien supérieure à celle des

« squaters » et des pionniers des prairies et des savanes de l'Ouest des États-Unis. Du reste, la présence et le voisinage des tribus indigènes, les unes soumises, les autres indépendantes, ne sont point des obstacles à une colonisation et à des travaux de défrichement, même entrepris sur une échelle restreinte. La preuve en est donnée par la sécurité des familles créoles de race blanche et de sang mêlé, qui résident actuellement dans cette zone, sans le moindre inconvénient. En effet, la plupart des tribus indiennes du Vénézuéla sont d'un caractère doux, avec un penchant marqué à l'indolence. L'état sauvage proprement dit n'existe pas, puisque ces Indiens s'adonnent à des travaux de culture, et sont groupés en agrégations de 40 ou 50 familles. » Ainsi, même dans cette zone qui est la moins favorisée, le Vénézuéla offre à tous ceux qui viendront y apporter leurs capitaux, leur travail et leur intelligence, des ressources immenses.

Mais la partie privilégiée, celle qui est véritablement une sorte de terre promise, parce qu'elle peut, en six mois ou un an, récompenser largement les efforts des colons avec usure, c'est celle qui longe les côtes et la mer des Antilles. Elle est admirablement disposée pour produire toutes les plantes tropicales ; elle présente une série de climats depuis les plus chauds jusqu'aux plus modérés, grâce aux montagnes qui s'élèvent insensiblement, depuis la mer, jusqu'à 1,000 mètres d'altitude et plus, sur une profondeur de 20 à 40 kilomètres, après avoir laissé une plaine bien abritée. D'assez nombreux cours d'eau arrosent cette zone maritime et permettent d'entretenir toujours dans les cultures l'humidité qui, s'ajoutant à la chaleur, permet, en dehors de la saison des pluies, de féconder un sol d'alluvion d'une merveilleuse fertilité.

Pour faire comprendre combien l'abondance des eaux est une puissante ressource dans le Vénézuéla, rien n'est plus expressif que la description donnée par M. Tenré, commissaire délégué à l'Exposition universelle de 1867, sur divers États de l'Amérique du Sud : « Le Vénézuéla abonde en cours d'eau, dont les uns coulant du Sud au Nord vont se perdre dans la mer des Antilles, les autres tombent dans l'Orénoque, et par lui dans l'Océan. L'Orénoque, l'un des plus grands fleuves du monde, dont le cours appartient presque tout entier au Vénézuéla, prend sa source dans les montagnes de la Parima, au cœur de l'ancienne Guyane espagnole, décrit un demi-cercle dans la partie du Sud, remonte vers le Nord, et va se jeter dans l'Océan Atlantique, servant ainsi de démarcation entre la Guyane et l'ancienne capitainerie de Caracas, capitale actuelle du Vénézuéla. Les branches de son embouchure sont nombreuses, et plusieurs sont navigables pour des navires de plus de 200 tonneaux. Quelques-uns des affluents de l'Orénoque ne le cèdent en grandeur ni au Rhin, ni au Rhône, ni au Tage ; ce sont : le Ventuari, le Caura, le Caroni, le Guaviare, le Méta et l'Apure. On a vérifié l'existence de la fameuse bifurcation de l'Orénoque. Par une disposition particulière du plateau équinoxial, l'Orénoque communique avec le fleuve des Amazones, au moyen du Cassiquiare et du Rio-Négro. Il est donc possible, en s'embarquant à Ciudad-Bolivar, ville appelée autrefois Angustura, de remonter l'Orénoque et de descendre par le Cassiquiare, le Rio-Négro et l'Amazone, jusqu'au Para. Sans doute, l'Orénoque a perdu un peu du prestige poétique qui attirait sur ses bords tant d'intrépides voyageurs ; mais, disposé comme il l'est, avec ses fleuves tributaires, qui le font pénétrer dans toutes les parties de la République, il n'en est pas moins la grande voie commerciale et industrielle du pays. Il est vrai qu'il a l'inconvénient d'un accroissement et d'une décroissance de ses eaux également périodiques, et que cette mobilité le rend assez incommode à la petite navigation, au moins vers son embouchure. Mais que de services ne rend-il pas à l'intérieur, et que de services plus grands n'est-il pas appelé à rendre, à mesure que le commerce et l'industrie se développent ! Quant aux lacs, ils sont innombrables, mais quelques-uns disparaissent après la saison des pluies, qui est assez longue, comme dans tous les pays situés dans le voisinage de l'Équateur. Parmi les plus grands, on distingue Maracaïbo, qui n'a pas moins de 200 lieues de longueur sur 120 de largeur, et Valencia, remarquable par la belle culture de ses rivages. D'après Codazzi, il n'y a pas moins de 1059 rivières dans le Vénézuéla, dont 436 appartiennent au vaste territoire intérieur, compris entre les deux grands groupes de montagnes qui caractérisent le pays, c'est-à-dire entre le système des Andes et le système de Parima ; en outre, 230 déversent leurs eaux dans la mer des Antilles, 120 dans le golfe de Macaraïbo, 22 dans le lac de Valencia, 34 dans le golfe Cariaco, 90 dans celui de Paria ; la rivière de Cuyana, grand tributaire de l'Esquibo, a 36 affluents, et il en est de même du Négro qui se jette dans la rivière des Amazones.

Les plus hautes montagnes appartiennent aux Andes ; les pics les plus élevés sont ceux de Sierra Névada, dont l'altitude est de 4,580 mètres, de Mucuchias (4,230) dans l'État de Mérida ; Apure (3,795) dans l'État de Zamora ; Caldera dans l'État de Trujillo ; Rosas (3,511) dans l'État de Barquisimeto ; Batallon (3,211) dans l'État de Tachira ; Pariquata (2,800) dans l'État de Bolivar ; Piona (2,048) dans l'État de Cumana. Le système de Parima est loin de présenter de pareilles hauteurs; la montagne la plus élevée qu'on y trouve est celle de Senoz de Maraquaca, dont l'altitude n'est que de 2,508 mètres, selon Codazzi.

Ces détails suffisent pour montrer que, malgré la situation du Vénézuéla tout près de l'Équateur, on peut y trouver à peu près tous les climats, depuis les chaleurs torrides jusqu'aux neiges perpétuelles, et qu'il est possible d'y obtenir toutes les récoltes imaginables. C'est une terre vraiment bénite, surtout dans toute la partie qui regarde la mer des Antilles, et se trouve adossée à des montagnes d'où s'écoulent des cours d'eau fécondants.

CHAPITRE III

COMMERCE DU VÉNÉZUÉLA.

Le commerce du Vénézuéla a suivi une progression considérable depuis cinquante ans, et cette progression eût été bien plus forte encore, si des guerres intestines n'avaient pas de temps à autre arrêté tout travail, source de toute prospérité.

Quelques chiffres extraits des documents officiels réunis à la direction du commerce extérieur du ministère de l'Agriculture et du Commerce de France, et remis principalement par les consuls français, font connaître d'une manière éloquente les alternatives du commerce, et leurs relations avec le calme ou avec les troubles politiques. Ainsi, la valeur totale de l'exportation a été :

Dans l'année	1838-1839	de.......	12,834,000	francs
—	1845-1846	de.......	28,482,000	—
—	1860	de.......	37,626,000	—
—	1865	de.......	40,000,000	—
—	1866	de.......	47,529,000	—
—	1867	de.......	44,308,000	—
—	1868	de.......	26,301,000	—
—	1869	de.......	24,849,000	—
—	1871	de.......	32,392,000	—
—	1872	de.......	62,204,000	—
—	1873-1874	de.......	73,918,000	—
—	1874-1875	de.......	86,000,000	—
—	1878	de.......	80,565,000	—

Les importations ont subi des fluctuations analogues, ainsi que le montrent les chiffres suivants :

Dans l'année	1845-1846	de......	21,743,000 francs
—	1860	de......	28,231,000 —
—	1865	de......	40,669,000 —
—	1866	de......	39,016,000 —
—	1867	de......	33,194,000 —
—	1871	de......	21,029,000 —
—	1872	de......	28,272,000 —
—	1873-1874	de......	61,717,000 —
—	1874-1875	de......	63,000,000 —
—	1878	de......	75,215,000 —

Les États-Unis d'Amérique, l'Allemagne, la France et l'Angleterre prennent la plus grande part dans ce mouvement commercial, ainsi qu'il résulte des renseignements qui suivent, établis pour l'exercice 1874-1875 :

	Importation.	Exportation.	Mouvement du commerce total.
États-Unis.	13,469,000 francs	28,675,000 francs	62,144,000 francs
Allemagne.	8,069,000 —	25,292,000 —	33,361,000 —
France....	9,000,000 —	13,000,000 —	22,000,000 —
Angleterre.	13,201,000 —	1,263,000 —	14,000,000 —

Les produits manufacturés importés d'Europe arrivent de plus en plus directement au Vénézuéla. Les vapeurs français, anglais et allemands, sont chargés d'articles de ces trois pays, pris dans les ports d'attache ou d'escale. Les envois des Antilles ont presque cessé depuis l'établissement de relations directes et régulières, et de mesures prises pour éviter la contrebande. Depuis 1874, les choses n'ont pas cessé de s'améliorer.

D'après les dernières publications de la direction du commerce extérieur du ministère de l'Agriculture et du Commerce de France (janvier 1877), le mouvement commercial d'importation des produits étrangers au Vénézuéla, se portait sur 29 millions de kilogrammes, d'une valeur de 62 millions de francs, se répartissant ainsi qu'il suit entre les divers pays importateurs :

	Poids.		Valeur.	
États-Unis de l'Amérique du Nord.	40,08	pour 100	16,19	pour 100
Colonies hollandaises (Curaçao).	17,03	—	26,64	—
Allemagne	12,86	—	25,94	—
France	9,45	—	7,55	—
Espagne	6,79	—	3,76	—
Angleterre	6,32	—	11,79	—
Colonies anglaises	2,59	—	2,47	—
États-Unis de Colombie	2,47	—	3,34	—
Colonies françaises	0,73	—	0,32	—
— espagnoles	0,63	—	0,71	—
— danoises	0,61	—	0,16	—
Autres pays	0,44	—	0,13	—
Totaux	100,00		100,00	

L'Angleterre occupait naguère le premier rang, et les États-Unis ne venaient qu'en cinquième; il s'est fait un grand changement au profit des États-Unis et des colonies hollandaises ; la France est restée à peu près à sa place en ce qui concerne l'importance relative de son commerce d'importation.

Les divers ports du Vénézuéla prenaient dans ce mouvement commercial la part suivante :

	Valeur.	
La Guaira	37,96	pour 100
Puerto Cabello	26,14	—
Maracaïbo	20,10	—
La Vela	5,01	—
Ciudad-Bolivar	4,74	—
Tachira	3,35	—
Cumanà	1,04	—
Carupano	0,66	—
Barcelona	0,56	—
Juan Guego	0,26	—
Guiria	0,18	—
Total	100,00	

Les articles importés sont des plus variés. Au premier rang, il faut placer les cotonnades, les madapolams, les indiennes, qui viennent surtout d'Angleterre et d'Allemagne, principalement pour les sortes communes ; la France vient ensuite, mais seulement pour les articles de belle qualité, où le bon goût est recherché. Les toiles de fil viennent surtout d'Allemagne et d'Angleterre, les draps et les lainages d'Allemagne, sauf pour les belles qualités qui sont d'origine française. Les tissus de soie sont demandés aux fabriques lyonnaises. Les vêtements confectionnés sont importés de France et d'Angleterre.

La bijouterie, l'orfèvrerie et la joaillerie, sont demandées à l'Allemagne pour les objets communs ; Paris fournit les objets de grand luxe. La mercerie, la quincaillerie, la poterie et la verrerie, sont principalement fournies par l'Allemagne et l'Angleterre. Pour la parfumerie et les produits chimiques et pharmaceutiques, la France occupe le premier rang, et l'Allemagne le second. Les conserves alimentaires viennent de France, des États-Unis et d'Espagne. La farine française jouit, au Vénézuéla, d'une grande estime, on y demande nos semoules et nos pâtes. La consommation de nos vins et eaux-de-vie y augmente ; la bière d'importation vient d'Angleterre.

L'Angleterre envoie au Vénézuéla tous les fers et aciers qui y sont travaillés ; les États-Unis et l'Angleterre y expédient les outils aratoires et les machines ; la France y importe les meubles de luxe, les glaces, les peaux travaillées et ouvrées, les chaussures fines, du papier, des livres, et tous les articles dits de Paris.

Environ 700 navires jaugeant ensemble 350,000 tonneaux font le commerce vénézuélien. Indépendamment de la navigation à voiles, les ports du Vénézuéla, c'est-à-dire la Guaira et Puerto Cabello, sont fréquentés par les vapeurs des lignes transatlantiques françaises, anglaises et allemandes. Les paquebots transatlantiques français de Saint-Nazaire touchent tous les mois à la Guaira. La malle royale anglaise, allant de Southampton à Saint-Thomas, transmet la correspondance par des goëlettes au Vénézuéla dont les ports sont en outre fréquentés par une ligne de Southampton à la Barbade et la côte ferme. Une ligne allemande partant de Hambourg touche au Havre, à Grimsby, à Curaçao, à la Guaira, à Puerto Cabello, à Sabanilla et à Colon; une autre ligne part de Brême et relâche à Southampton, à Saint-Thomas, à Puerto Cabello, à la Guaira et à Colon. Il y a donc une grande facilité de communication avec l'Europe. En 1875, les navires chargés de marchandises françaises ont été au nombre de 41, jaugeant 8,600 tonneaux, et ceux expédiés pour la France au nombre de 33 pour 8536 tonneaux; la part du pavillon français a été de 48 navires tant à l'entrée qu'à la sortie pour 10,866 tonneaux.

Les importations de France au Vénézuéla se sont ainsi réparties en 1875 pour les principales marchandises :

Habillements et pièces de lingerie cousues	37,607 kilogr.	730,495 fr.
Poissons marinés ou à l'huile	301,948 —	681,689 —
Tissus, passementerie et rubans de laine	33,860 —	439,265 —
Tissus, passementerie et rubans de coton	22,647 —	279,545 —
Tissus, passementerie et rubans de lin et de chanvre	33,783 —	230,121 —
Tissus, passementerie et rubans de soie	1,106 —	99,408 —
Mercerie	42,760 —	353,380 —
A reporter		2,813,903 fr.

Report			2,813,903 fr.
Fruits de table	149,216	kilogr.	296,761 —
Peaux préparées	28,405	—	294,902 —
Ouvrages en peaux ou en cuirs	10,990	—	263,253 —
Papiers, livres et gravures	127,403	—	244,888 —
Poteries, verres et cristaux	466,289	—	202,519 —
Semoules et pâtes	350,060	—	171,529 —
Parfumerie	37,104	—	118,425 —
Chapeaux de paille	2,514	—	113,130 —
Outils et ouvrages en métaux	54,810	—	105,369 —
Orfèvrerie et bijouterie	148,384	gram.	270,397 —
Vins	1.583,241	litres.	830,346 —
Eaux-de-vie, esprits et liqueurs	122,595	—	142,648 —
Autres marchandises	»		1,842,902 —
Total	»		7,640,982 fr.

La plus grande partie des marchandises importées au Vénézuéla paye le droit d'entrée fixé par le tarif de 1874. Le montant des droits à l'importation a été en 1874, d'après M. Téjéra, de 26,835,713 francs contre 900,902 francs seulement à l'exportation, c'est-à-dire que le commerce d'exportation ne paye presque rien, tandis que les marchandises importées acquittent des droits considérables de 40 p. 100 de leur valeur en moyenne.

S'il est important de connaître les marchandises étrangères que consomme le Vénézuéla, il est bien plus intéressant encore, au point de vue de ceux qui peuvent songer à créer dans le pays des établissements agricoles, d'être renseigné sur les denrées qui constituent l'exportation vénézuélienne. D'après les renseignements officiels, on peut calculer le tableau suivant pour 1878; les denrées y sont rangées par ordre des valeurs exportées :

Café	34,273,214	kilogrammes	59,978,120	francs.
Cacao	3,442,539	—	6,885,075	—
Tabac	500,137	—	5,000,185	—
A reporter	38,215,890	—	71,863,380	—

Report.....	38,215,890	kilogrammes	71,863,380	francs.
Coton...............	2,567,438	—	4,278,635	—
Sucre et mélasse......	2,271,575	—	1,185,785	—
Bois de teinture.... .	11,112,760	—	889,020	—
Noix de Tonkin.......	66,663	—	266,665	—
Baume de Copahu....	37,906	—	113,715	—
Amidon..............	107,502	—	80,625	—
Maïs................	313,912	—	62,780	—
Graines diverses et légumes............	31,280	—	15,640	—
Noix de coco.........	92,723	—	9,270	—
Autres marchandisses.	1,984,353	—	1,334,485	—
Totaux........	56,808,000	kilogrammes	83,000,000	francs.

On reconnaît à n'en pas douter que les principaux produits sont agricoles, et consistent surtout dans le café, le cacao, le tabac, le coton et le sucre.

Dans les exportations, les diverses nations, d'après les rapports de nos consuls, prendraient les parts proportionnelles suivantes d'après l'ordre décroissant des valeurs :

	Poids.		Valeur.	
Allemagne................	23,74	pour 100	25,96	pour 100
États-Unis du Nord........	19,97	—	21,08	—
Colonies hollandaises.....	17,34	—	7,78	—
France..................	17,72	—	16,67	—
Angleterre...............	5,75	—	4,93	—
État-Unis de Colombie.....	5,45	—	4,59	—
Colonies anglaises........	4,73	—	4,55	—
Espagne.................	4,29	—	3,69	—
Colonies danoises.........	0,07	—	0,24	—
— françaises........	0,17	—	0,22	—
— espagnoles.......	0,15	—	0,09	—
Autres pays..............	0,62	—	0,20	—
Totaux..........	100,00		100,00	

D'un autre côté, les divers ports du Vénézuéla avaient dans le mouvement commercial d'exportation le rang suivant par ordre d'importance des valeurs des denrées expédiées par chacun d'eux en 1875 :

	Poids.		Valeur.	
Puerto Cabello.....	29,36	pour 100	33,37	pour 00
La Guaira.........	19,29	—	24,61	—
Maracaïbo.	25,88	—	24,16	—
Cĩudad-Bolivar.....	4,00	—	5,08	—
Tachira..........	5,46	—	4,58	—
La Vela...........	3,66	—	4,07	—
Guiria	1,07	—	1,30	—
Barcelona...... .	8,24	—	1,11	—
Maturin...........	1,36	—	0,68	—
Carupano....... ...	0,78	—	0,57	—
Juan Griego...	0,60	—	0,24	—
Cumana...... ...	0,30	—	0,23	—
Total.......	100,00		100,00	

Le port de Maracaïbo est d'un accès assez difficile; il n'est pas mentionné parmi les ports où se sont faites les perceptions des douanes du Vénézuéla, dans un état qui a été établi pour les exportations de la République, du 1er juillet au 31 décembre 1877, par le *Ministerio de Hacienda;* il y aurait lieu d'augmenter d'un quart les résultats obtenus pour mesurer le commerce total de la République avec l'étranger. Cet état fournit d'abord les trois intéressants tableaux suivants, pour les diverses denrées exportées dans les pays faisant commerce avec le Vénézuéla; nous les reproduisons parce qu'ils constituent les documents détaillés les plus récents parvenus en Europe.

Nous commençons par le café, qui occupe le premier rang parmi les produits agricoles du pays. Il est en général de très bonne qualité; il est expédié surtout par les paquebots à vapeur de Saint-Nazaire, de Brême et de Hambourg, qui chargent à la Guaira et à Puerto Cabello. Voilà pour les six derniers mois de 1877 les quantités expédiées aux divers pays :

	Poids kilogrammes.	Valeurs. francs.	Prix du kilog. francs.
États-Unis d'Amérique...	6,102,580	8,680,000	1,42
Allemagne...............	2,344,238	3,975,355	1,69
France..................	440,485	761,126	1,73
Angleterre..............	124,270	150,764	1,21
Italie..................	67,193	95,591	1,45
Colombie................	714,049	613,650	0,86
Colonies anglaises......	188,916	282,408	1,49
— hollandaises....	42,189	64,598	1,53
— espagnoles.....	653	1,340	2,05
Totaux..........	10,024,573	14,624,832	»
Prix moyen..........			1,46

Il est à noter que ces chiffres sont donnés par l'Administration des douanes, et qu'ils attribuent des valeurs bien différentes aux cafés exportés dans les divers pays; les prix minima sont naturellement ceux des ventes aux pays dans lesquels les cafés du Vénézuéla trouvent de la concurrence indigène.

Les exportations précédentes du café ont été faites dans les huit ports suivants :

	Poids. kilogrammes.	Valeur. francs.	Prix du kilog. francs.
La Guaira...............	963,833	1,528,937	1,58
Puerto Cabello..........	7,748,779	11,520,048	1,48
Ciudad-Bolivar..........	531,495	865,245	1,62
Carupano................	23,451	29,198	1,25
Puerto Sucre............	31,835	51,814	1,62
San Antonio del Tachira..	714,049	613,650	0,86
Maturin.................	1,978	2,960	1,49
Puerto Guzman Blanco...	9,153	12,980	1,41
Totaux..........	10,024,573	14,624,832	»
Prix moyen..........			1,46

C'est de Puerto Cabello que part la plus grande quantité de café, mais il s'y trouve à un prix un peu plus élevé qu'à la Guaira, qui vient ensuite pour l'importance des expéditions. La valeur est moitié moindre à San-Antonio del Tachira qu'à Ciudad-Bolivar et à Puerto Sucre (État de Cumana).

Le cacao vient après le café pour l'importance des exportations vénézuéliennes. Le cacao de cette provenance est connu en Europe sous le nom de caracas ou caraque; il est de qualité supérieure, mais à cause de son prix élevé on l'emploie rarement seul pour la fabrication du chocolat; on le mêle généralement à des qualités inférieures d'autres provenances. Il a été exporté dans les six derniers mois de 1877 vers les neuf pays suivants :

	Poids. kilogrammes.	Valeur. francs.	Prix du kilog. francs.
États-Unis d'Amérique...	128,988	223,058	1,73
Allemagne..............	39,943	72,692	1,81
France..................	1,364,237	2,181,764	1,60
Angleterre..............	6,684	10,070	1,50
Espagne.................	139,536	212,354	1,53
Italie..................	281	535	1,90
Colonies anglaises........	95,019	144,233	1,51
— hollandaises....	100	200	2,00
espagnoles.....	1,000	1,800	1,80
Totaux...........	1,775,788	2,846,706	»
Prix moyen............			1,60

On voit que les prix moyens de vente aux différents pays varient dans la proportion de 1 fr. 50 à 2 fr. le kilogramme, mais ce dernier prix est exceptionnel. C'est pour l'Allemagne et l'Italie que les prix ont été les plus élevés.

Les expéditions du cacao ont eu lieu par cinq ports seulement, ainsi qu'il suit :

	Poids. kilogrammes.	Valeur. francs.	Prix du kilog. francs.
La Guaira	1,083,326	1,782,651	1,64
Puerto Cabello	72,238	163,956	2,27
Ciudad-Bolivar	2,834	2,822	0,99
Carupano	508,001	733,194	1,44
Guiria	109,389	164,084	1,50
Totaux	1,775,788	2,846,706	»
Prix moyen			1,60

On voit combien est différente la valeur du cacao exporté de Ciudad-Bolivar sur l'Orénoque, de celle du cacao expédié par les quatre autres ports d'exportation, et surtout par Puerto Cabello.

Le sucre n'est pas indiqué à part dans les documents d'où nous tirons ces intéressantes déductions.

Le tabac du Vénézuéla est recherché. Il en a été expédié pour six pays étrangers, durant le deuxième semestre de 1877, dans les proportions suivantes :

	Poids. kilogrammes.	Valeur. francs.	Prix du kilog. francs.
États-Unis d'Amérique	5	25	5,00
Allemagne	206,690	137,390	0,67
France	6,037	2,540	0,42
Angleterre	42,555	21,275	0,50
Colombie	19,018	29,638	1,56
Colonies anglaises	581	1,140	1,96
Totaux	274,881	192,008	»
Prix moyen			0,69

L'exportation du tabac s'est faite par cinq ports, ainsi qu'il suit :

	Poids. kilogrammes.	Valeur. francs.	Prix du kilog. francs.
La Guaira	2,725	2,340	0,85
Puerto Cabello	443	890	2,00
Ciudad-Bolivar	159,907	112,416	0,70
Puerto Sucre	50,258	25,500	0,51
Maturin	61,548	50,862	0,82
Totaux	274,881	192,008	»
Prix moyen			0,69

On voit, d'après ces chiffres, dans quelles provinces du Vénézuéla se trouve concentrée principalement la culture du tabac pour l'exportation; on voit aussi qu'il est en général vendu à bas prix.

Le coton a donné lieu dans les six derniers mois de 1877 au trafic suivant avec sept pays :

	Poids. kilogrammes.	Valeur. francs.	Val. du kilogr. francs.
États-Unis d'Amérique.	52,361	51,053	0,97
Allemagne............	68,269	68,508	1,00
France...............	41,430	38,265	0,92
Angleterre...........	45,772	47,725	1,04
Espagne..............	14,964	17,990	1,20
Italie...............	6,700	6,000	1,11
Colonies anglaises.....	29,012	22,318	0,77
Totaux............	258,508	251,859	»
Valeur moyenne du kilogramme..........			0,97

Les exportations ont eu lieu par sept ports, ainsi qu'il suit :

	Poids. kilogrammes.	Valeur. francs.	Val. du kilogr. francs.
La Guaira............	44,548	51,157	1,07
Puerto Cabello........	68,378	63,826	0,93
Ciudad-Bolivar.........	55,857	54,096	0,97
Puerto Sucre...........	18,026	17,980	1,00
Maturin..............	45,112	40,026	0,88
Puerto Guzman Blanco.	23,587	24,774	1,05
Totaux..........	258,508	251,859	»
Prix moyen du kilogramme...........			0,97

Les circonstances sont défavorables pour le commerce de l'indigo, qui n'a donné lieu qu'aux exportations suivantes, dans le même semestre de 1877 :

	Poids. kilogrammes.	Valeur. francs.	Val. du kilogr. francs.
États-Unis d'Amérique.	5,510	45,350	8,54
Allemagne............	1,052	2,868	2,71
France..............	1,577	8,560	5,43
Totaux..........	8,139	56,770	»
Prix moyen du kilogramme............			6,97

Les exportations ont été faites par deux ports seulement :

	Poids. kilogrammes.	Valeur. francs.	Val. du kilogr. francs.
La Guaira............	1,224	6,120	5,00
Puerto Cabello	6,915	50,650	7,33
Totaux..........	8,139	56,770	»
Prix moyen du kilogramme............			6,97

Le quinquina a été l'objet d'exportations plus considérables pour cinq pays, ainsi qu'il suit :

	Poids. kilogrammes.	Valeur. francs.	Val. du kilogr. francs.
États-Unis d'Amérique.	64,259	84,910	1,32
Allemagne............	34,742	45,275	1,30
France..............	970	2,340	2,41
Angleterre...........	16,449	40,550	2,46
Italie...............	110	250	2,27
Totaux..........	116,530	173,325	»
Valeur moyenne du kilogramme.........			1,48

La totalité de cette exportation se fait par Puerto Cabello, au prix moyen ci-dessus.

Le commerce d'exportation des cuirs du Vénézuela a une assez grande importance, en raison des facilités de production du bétail que présentent les vastes plaines de la République; il porte surtout sur les cuirs de bœuf, de cerf et de chèvre.

Les cuirs de bœuf et de vache s'expédient dans les neuf pays suivants :

	Poids. kilogrammes.	Valeur. francs.	Val. du kilogr. francs.
États-Unis d'Amérique.	305,109	502,149	1,64
Allemagne........	36,319	47,235	1,30
France..	24,550	18,547	0,76
Angleterre...	5,666	8,410	1,48
Italie..	14,456	3,390	0,23
Colombie......	673	4,745	7,05
Colonies anglaises.....	2,331	3,030	1,30
» hollandaises..	120	105	0,90
» espagnoles....	288	630	2,18
Totaux..........	389,514	588,241	»
Valeur moyenne du kilogramme........			1,51

Il y a de telles différences entre les valeurs attribuées aux cuirs expédiés pour telle ou telle contrée, qu'on ne doit pas admettre qu'il s'agisse des mêmes qualités, et l'on pourrait dire des mêmes objets, dans le tableau précédent. Quoi qu'il en soit, les exportations se sont faites par six ports :

	Poids. kilogrammes.	Valeur. francs.	Val. moy. du kilogramme. francs.
La Guaira.............	125,037	210,248	1,68
Puerto Cabello.........	64,491	69,700	1,08
Ciudad-Bolivar........	196,516	303,933	1,54
Puerto Sucre..........	2,198	2,785	1,27
Maturin...............	1,242	1,455	1,17
Puerto Guzman Blanco..	30	30	1,00
Totaux..........	389,514	588,241	»
Valeur moyenne du kilogramme........			1,51

Ici, les estimations des valeurs se rapprochent beaucoup d'un port à l'autre.

Les cuirs de chèvre donnent lieu, en ce qui concerne du moins les valeurs, à un commerce d'exportation plus considérable que les cuirs de l'espèce bovine; ils n'ont été expédiés dans le deuxième semestre de 1877 que pour quatre pays et par un seul port, celui de Puerto Cabello ; l'exportation a été de 231,762 kilogrammes, estimés valoir 738,762 francs; la répartition entre les pays importateurs a été la suivante :

	Poids.	Valeur.	Val. moy. du kilogramme.
	kilogrammes.	francs.	francs.
États-Unis d'Amérique.	228,914	731,124	3,10
Allemagne............	1,798	3,888	2,16
France...............	790	3,000	3,80
Colonies hollandaises...	260	750	2,88
Totaux..........	231,762	738,762	»
Valeur moyenne du kilogramme.........			3,18

Cette valeur moyenne est plus du double de celle du cuir des animaux de l'espèce bovine.

Les cuirs de cerf donnent lieu aussi à un commerce qui n'est pas sans importance. Il en a été expédié dans le même semestre pour quatre pays ainsi qu'il suit :

	Poids.	Valeur.	Val. moy. du kilogramme.
	kilogrammes.	francs.	francs.
États-Unis d'Amérique.	45,925	88,885	1,94
Allemagne............	6,942	18,978	2,74
Angleterre...........	230	644	2,80
Colonies anglaises.......	90	200	2,22
Totaux..........	53,187	108,707	»
Valeur moyenne du kilogramme.........			2,04

Les exportations se sont faites par trois ports :

	Poids. kilogrammes.	Valeur. francs.	Val. moy. du kilogramme. francs.
Puerto Cabello........	6,933	19,162	2,76
Ciudad-Bolivar........	46,024	88,901	1,93
Maturin...............	230	644	2,80
Totaux.........	53,187	108,707	»
Valeur moyenne générale du kilogramme.			2,04

C'est, comme on le voit, par le port de Ciudad-Bolivar que se font les plus grandes exportations de cuirs de cerf.

Les *dividivi*, ou les gousses du Cœsalpinia Coriaria, une des espèces du Brésillet, employées pour le tannage des cuirs, sont l'objet d'un commerce d'exportation parfois assez important; on a expédié ces gousses durant le deuxième semestre de 1877 dans six pays, ainsi qu'il suit :

	Poids. kilogrammes.	Valeur. francs.	Val. moy. du kilogramme. francs.
États-Unis d'Amérique.	19,381	6,290	0,32
France...............	222,403	24,110	0,17
Angleterre............	161	4	0,02
Italie................	12,420	1,861	0,15
Colonies hollandaises...	18,200	6,900	0,37
» espagnoles....	1,726	1,550	0,89
Totaux.........	315,291	40,715	»
Valeur moyenne du kilogramme.........			0,13

L'exportation s'est faite par deux ports seulement, savoir :

	Poids. kilogrammes.	Valeur. francs.	Val. moy. du kilogramme. francs.
La Guaira............	30,032	6,605	0,22
Puerto Cabello.........	285,259	34,110	0,11
Totaux.........	315,291	40,715	»
Valeur moyenne du kilogramme.......			0,13

Le commerce des bois de teinture fournit un trafic assez considérable, surtout au point de vue du tonnage.

L'exportation s'est répartie durant la période considérée, sur sept pays, ainsi qu'il suit :

	Poids. kilogrammes.	Valeur. francs.	Val. moy. du kilogramme. francs.
Etats-Unis d'Amérique	73,180	5,741	0,08
Allemagne..........	493,171	30,340	0,06
France.............	278,362	16,621	0,06
Angleterre..........	205,160	9,272	0,05
Espagne.......... .	59,696	5,080	0,08
Italie...............	13,958	14,875	1,06
Colonies hollandaises..	46,000	2,250	0,04
Totaux.........	1,169,527	84,179	»
Valeur moyenne du kilogramme.....			0,07

Les exportations se sont faites par les quatre ports suivants :

	Poids. kilogrammes.	Valeur. francs.	Val. moy. du kilogramme. francs.
La Guaira...........	32,078	3,546	0,11
Puerto Cabello........	933,936	71,011	0,07
Puerto Sucre.........	122,553	7,600	0,06
Maturin............ .	80,960	2,022	0,02
Totaux.........	1,169,527	84,179	»
Valeur moyenne du kilogramme..........			0,07

Les autres bois, principalement d'ébénisterie, ont été l'objet d'unc ommerce trois fois moindre environ que celui des bois de teinture, ainsi qu'il suit :

	Poids.	Valeur.	Val. moy. du kilogramme.
	kilogrammes.	francs.	francs.
Allemagne	120,099	8,730	0,07
France	33,902	10,720	0,31
Angleterre	136,466	9,445	0,06
Colonies anglaises	51,969	7,766	0,15
» hollandaises	5,460	1,775	0,32
Totaux	347,896	38,436	»
Valeur moyenne du kilogramme			0,11

Les exportations ont été faites par les cinq ports suivants :

	Poids.	Valeur.	Val. moy. du kilogramme.
	kilogrammes.	francs.	francs.
La Guaira	33,902	10,720	0,31
Puerto Cabello	125,344	10,205	0,08
Ciudad-Bolivar	215	300	1,39
Puerto Guzman Blanco	136,466	9,445	0,07
Guiria	51,969	7,766	0,15
Totaux	347,896	38,436	»
Valeur moyenne du kilogramme			0,11

L'or et les autres métaux, qui constituent au Vénézuéla de très grandes richesses, encore incomplètement exploitées, ont donné lieu à des exportations assez considérables dans le deuxième semestre de 1877.

Il a été exporté 1432 kilogr. 300 gr. d'or en lingots, d'une valeur totale de 4,167,844 francs, la valeur moyenne du kilogramme étant de 2812 francs; le tout est parti de Ciudad-Bolivar, savoir : 61 kilogr. valant 153,366 francs pour les États-Unis d'Amérique, et 1421 kilogr. 300 d'une valeur de 4,014,478 francs pour les colonies anglaises.

Les autres métaux sont exportés vers six pays dans les proportions suivantes :

	Poids. kilogrammes.	Valeur. francs.	Valeur moyenne du kilog.
États-Unis d'Amérique...	271	79,909	294,87
Allemagne.............	655	118,085	180,28
France................	68	44,202	650,00
Angleterre............	248,400	54,000	0,22
Colonies anglaises.......	6	1,800	300,00
— hollandaises....	2	4,815	2,407,50
Totaux...........	249,402	302,811	»
Valeur moyenne du kilogramme.........			1,21

Il est évident, d'après ce tableau, que les métaux exportés pour les différents pays étaient de nature très diverse, puisqu'il résulte des chiffres officiels reproduits ci-dessus que la valeur moyenne du kilogramme s'est élevée de 22 centimes à 2 400 francs; les détails manquent sur les expéditions faites, quoiqu'il soit certain que des métaux précieux, aussi bien que des métaux communs, sont obtenus au Vénézuéla, qui possède des mines aussi nombreuses que riches et variées.

Les exportations des métaux divers ont eu lieu par trois ports seulement, ainsi qu'il suit :

	Poids. kilogrammes.	Valeur. francs.	Valeur moyenne. du kilog.
La Guaira	377	194,493	515,87
Puerto Cabello...	249,019	106,528	0,43
Ciudad-Bolivar...	0,006	1,800	300,00
Totaux....	249,402	302,811	»
Valeur moyenne du kilogramme......			1,21

Il reste, pour terminer, à donner en bloc les chiffres des exportations des marchandises diverses qui ne sont pas dénommées dans les tableaux officiels, et à faire les récapitulations, afin d'avoir l'échelle des parts que prennent les divers pays importateurs dans le Vénézuéla, et celle de leur importance relative. Il n'y a plus à calculer les valeurs du kilogramme; nous réunissons seulement les poids et les valeurs totales dans le tableau suivant :

Pays recevant des marchandises provenant du Vénézuéla.	Marchandises non dénommées.		Exportations totales du Vénézuéla dans chaque pays.	
	Poids. kilogr.	Valeur. francs.	Poids. kilogr.	Valeur. francs.
États-Unis d'Amérique	152,678	93,596	7,179,222	10,745,463
Allemagne	106,688	64,487	3,460,607	4,593,825
France	83,962	34,085	2,499,772	3,145,881
Angleterre	9,575	3,200	841,383	355,358
Espagne	»	»	214,196	235,424
Italie	1,789	1,195	116,909	123,701
Colombie	37,395	26,919	752,117	645,314
Colonies anglaises	1,428,224	513,150	1,816,006	5,019,022
— hollandaises	488,535	169,574	641,446	252,197
— espagnoles	14,184	4,438	17,851	9,758
— danoises	1,500	250	1,500	250
Totaux	2,324,530	910,894	17,541,009	25,126,103

Les États-Unis d'Amérique et les colonies anglaises occupent, comme on le voit, le premier et le second rang dans les exportations du Vénézuéla pendant le second semestre de 1877, si l'on considère les valeurs; viennent ensuite l'Allemagne, puis la France. Si l'on détermine le classement d'après le poids des denrées, la France prend le troisième rang.

On ne peut pas, avec certitude, conclure d'un semestre à une année entière; mais ces chiffres suffisent pour démontrer que les divers pays du nouveau et de l'ancien monde recherchent de plus en plus quelques-uns des produits du Vénézuela, et que tout établissement agricole situé sur la mer des Antilles pourra facilement et avantageusement écouler ses produits, soit en Europe, soit en Amérique.

Quant aux différents ports d'exportation, ils ont expédié durant le même semestre les denrées non dénommées et les denrées totales de la manière suivante :

Ports d'exportation des produits du Vénézuéla.	Marchandises non dénommées.		Exportations totales du Vénézuéla.	
	Poids. kilogr.	Valeur. francs.	Poids. kilogr.	Valeur. francs.
La Guaira..........	71,087	65.038	2,381,169	3,861,821
Puerto Cabello......	486,529	229,484	10,396,394	13,251,750
Ciudad-Bolivar......	374.292	416,793	1,368,608	6,014,203
Carupano:........ ..	31,887	15,229	563,339	778,320
Puerto Sucre........	173,495	6,700	408,665	112,380
San Antonio del Tachira.......... ..	»	»	714,049	613,650
Maturin............	95,375	52,186	286,606	150,136
Puerto Guzman Blanco...........	95,635	15,609	264,871	62,839
Guiria............	996,530	109,155	1,157,888	281,004
Totaux.......	2,324,530	910,894	17,541,009	25,126,103

Ainsi, les quatre ports d'exportation les plus importants sont, pour ce qui concerne le tonnage, Puerto Cabello, La Guaira, Ciudad-Bolivar et Guiria. Le port de Ciudad-Bolivar a pris, pour les valeurs, le second rang, à cause des exportations de lingots d'or qu'il a faites durant les six derniers mois de 1877.

Dans les tableaux ci-dessus ne sont pas compris les chiffres relatifs à Maracaïbo, qui est également régi par les douanes du gouvernement fédéral, et qui donne lieu à des expéditions d'une valeur annuelle de 25 millions de francs au moins ; l'éloignement de ce port n'avait pas permis de réunir les renseignements qui le concernent.

La Guaira est l'avant-port de Caracas ; mais c'est

plutôt une rade foraine qu'un véritable port où il y ait de la sécurité; il y règne toujours, disent nos consuls, une certaine houle, qui rend coûteux et difficile le débarquement des marchandises. Ce débarquement se fait au moyen de *lanchas* que dirigent avec une grande dextérité les gens du pays. Il n'en résulte pas moins des avaries qui, jointes à celles du voyage, surélèvent le prix des marchandises, surtout celles d'importation qui sont fragiles. Le prix des *lanchas* se calcule à raison de 22 francs par 5 tonneaux. D'après les usages locaux, un navire a cinq jours pour effectuer son chargement, mais cependant le temps de chargement n'est pas limité. Entre La Guaira et Caracas, le transport des marchandises se fait par des charrettes ou à dos de bêtes de somme. Le prix de transport du quintal métrique de La Guaira à Caracas est de 6 francs; il n'est que de 4 francs de Caracas à La Guaira. La Guaira et Puerto Cabello sont les deux ports fréquentés par la marine marchande française. La plupart des navires français qui se présentent à La Guaira vont commencer ou achever leur chargement à Puerto Cabello, qui est assez bien situé dans l'État de Carabobo. Les ports de Carupano et de Guiria appartiennent à l'Etat de Cumana, mais sont situés, le premier dans le golfe de Cariaco, le second dans le golfe de Paria, en face, d'une part de l'île de la Trinité, et d'autre part du port de Maturin. Quant à Ciudad-Bolivar, il est davantage au centre du pays où l'Orénoque permet à de grands navires de pénétrer. Toutes ces situations sont très favorables au commerce avec l'Europe.

Il est nécessaire de connaître, pour bien apprécier le pays, les distances qui séparent les principales villes :

De Valence à Montalban (Carabobo) on compte environ.. 47 kilomètres
De Montalban à Nirgua.. 35 —

De Nirgua à Barquisimeto	90	kilomètres
De Valence à Puerto Cabello	55	—
De Puerto Cabello à San Felipe	120	—
De Barcelone à Ciudad-Bolivar (par Aragua et Pao)	420	—
De Caracas à Petare	13	—
De Petare à Rio Chico (par Guarenas, Guatire, Capaya et Tacarygua)	121	—
De Rio Chico à Barcelone	175	—
De Caracas à La Guaira	38	—
De Caracas à la Victoria	65	—
— à Valence	200	—
— à Gua de Tuy	60	—
De Gua à Ortiz	98	—
De Ortiz à Calabazo	95	—
De Calabazo à san Fernando (Apure)	140	—

Les routes carrossables s'étendent de la Guaira à Caracas, et vont au Sud de Caracas à Petare, Guarenas, Guatire, Cancagua, Santa Lucia, Gua; au Nord, elles se dirigent vers Los Tegues et passent à la Victoria, à Macaraï, à Guacara, et vont jusqu'à Valence. De Valence, une route conduit à l'intérieur jusqu'à Ortiz, une autre relie Valence à Puerto Cabello; une autre encore va de Valence à San Carlos; et enfin il y a une route carrossable de Valence à Becuma, Montalban et Nirgua. D'autres routes sont en construction, dont nous ne parlons pas.

Pour aller d'un point à un autre sur la côte, on prend la voie de la mer; les vents et les courants sont favorables de l'Orient vers l'Occident.

Il est également important d'avoir des aperçus sur la navigation fluviale.

En descendant l'Apure, on arrive sur l'Orénoque jusqu'à Caïcara, au moment où le fleuve infléchit vers le Sud. On peut remonter l'Apure jusqu'à Porte Teo sur le Rio Uribante; de Porto Spain à Ciudad-Bolivar, on compte environ 506 kilomètres; de Ciudad-Bolivar à Nutrias (Apure) par Caïcara et San Fernando d'Apure, 960 kilomètres.

L'Orénoque peut être remonté jusqu'aux rapides d'Atures. Les rapides vont d'Atures à Maypures. La navigation est reprise de Maypures jusqu'au Cassiquiare, qui fait communiquer l'Orénoque avec le Rio Négro, dont les eaux se jettent dans l'Amazone. Des bateaux spéciaux permettent de descendre les rapides. Le Rio Meta, affluent de l'Orénoque, est navigable jusqu'à Puerto Marayal (Colombie) à 300 kilomètres de Bogota.

Le système métrique décimal est le système légal des poids et mesures du Vénézuéla. L'unité monétaire est la piastre vénézuélienne qui vaut 5 francs, et qui est divisée en 100 centièmes; on fait usage de la pièce d'or de 25 francs.

CHAPITRE IV

INDUSTRIE DU VÉNÉZUÉLA. — MINES DE HOUILLE.

L'industrie est déjà florissante dans quelques États du Vénézuéla et particulièrement dans les villes. On rencontre de nombreuses tanneries, dont les produits sont exportés, des fabriques de chapeaux de soie et de feutre, des huileries, des fabriques de savon et d'amidon, des fonderies de suif et des fabriques de bougies, des distilleries pour les essences de fleurs, des fabriques de briques, de tuyaux en terre cuite et de poteries de tous genres, des fonderies métalliques, des fabriques de chocolat, des usines pour la préparation des conserves de fruits de toutes sortes, des fabriques de glaces. Dans les villes, de très belles boutiques sont occupées par des ébénistes, des bijoutiers, des tailleurs, etc.

On construit des navires de pêche très solides dans les ports de Maracaïbo et de Puerto Cabello. La pêche du poisson est pratiquée sur une grande échelle dans les eaux maritimes des États de la Nouvelle-Sparte et de Cumana, ainsi que dans les eaux intérieures de quelques autres provinces.

Il existe au Vénézuéla deux bassins houillers qui ont de l'importance : l'un, à l'Orient, s'étend de l'État de Bolivar sur celui de Barcelone jusque dans celui de Cumana ; l'autre est dans l'état de Falcon, de Curamichate à Aguide, et jusqu'au bord du lac de Maracaïbo. Le charbon de ce dernier gisement est meilleur que celui du premier, qui se rapproche davantage du lignite. Le bassin de l'État de Falcon est d'ailleurs d'une facile exploitation ; ses produits pourraient être exportés sans beaucoup de frais de transport, à cause du voisinage de la mer. D'après l'examen d'échantillons rapportés par M. Delort, il en faut un tiers de plus que de celui de Cardif pour produire le même effet. Mais il est sur les lieux, et d'ailleurs de plus amples recherches feront certainement connaître des gisements meilleurs.

CHAPITRE V

SUR LE CLIMAT, LES PLUIES ET LES ZONES DE VÉGÉTATION.

Avant de faire une étude spéciale de l'agriculture vénézuélienne, il importe de dire quelques mots de son climat. La situation du pays est si admirable, surtout du côté de la mer des Antilles, qu'on y rencontre successivement les conditions les plus convenables à toutes les cultures. Depuis le niveau de la mer jusqu'à une altitude de 585 mètres, le thermomètre marque de 25° à 30° d'une manière à peu près uniforme. Si l'on s'élève de 585 mètres jusqu'à 1458 mètres, il oscille entre 16° et 25°; si l'on monte jusqu'à 2437 mètres, la température moyenne varie entre 16° et 2°; à l'altitude de 4580 mètres on rencontre les neiges perpétuelles. A cause de l'égalité des jours et des nuits, la température varie très peu d'une saison à l'autre. On y trouve au point de vue de la température un été perpétuel. De Humboldt a constaté 27°,4 pour la température moyenne de Cumana; Codazzi et M. Boussingault ont obtenu 28° à La Guaira; Hall, 29° à Maracaïbo. M. Boussingault, comparant le mois le plus chaud et le mois le plus froid, donne les chiffres suivants :

	Latitude Nord.	Altitude.	Température moyenne du mois le plus chaud.		Température moyenne du mois le plus froid.		Différence.	Température moyenne de l'année.
Cumana.	10°,28′	0m	Mai..	29°,2	Janv.	26°,9	2°,3	27°,5
Caracas..	10°,31′	916m	Juill.	24°,0	Févr.	20°,0	4°,0	22°,0

Ainsi la température moyenne varie à peine dans le courant de l'année, ce qui différencie absolument le climat vénézuélien du climat européen; seulement les variations du mois le plus chaud au mois le plus froid sont un peu plus fortes à mesure que l'altitude augmente ; mais à Caracas, à plus de 900 mètres, il n'y a encore que 4 degrés de différence.

C'est d'avril à octobre que la saison est la plus chaude; pendant l'autre semestre règne la température la moins élevée. La saison des pluies dure de mai à septembre. La grande humidité coïncidant avec la chaleur est une des causes les plus puissantes de l'énergie de la végétation, et de la multiplicité des récoltes d'une même plante.

L'altitude du lieu exerce la plus grande influence sur la température et par suite sur la végétation, mais avec ce caractère particulier, dans les régions tropicales, et par conséquent sur les parties du Vénézuéla qui avoisinent la mer des Antilles, que dans l'année il y a de bien moins grandes variations d'un mois à un autre que dans les régions éloignées de l'équateur.

Voici, d'après M. Boussingault (*Agronomie, chimie agricole et physiologie*, t. III, p. 19), le tableau des différentes zones agricoles que l'on traverse sous l'Équateur depuis le niveau de l'Océan jusqu'à la région des neiges :

Altitudes en mètres.	Températures moy. en degrés centigrades.	Végétations.
0 à 500	28 à 26	Palmiers, Bambusa. Guaduas, Bananiers, Maïs, Manioc, Indigo, Cacaotier.
500 à 1,000	26 à 24	Erythroxylum, Caféier, Cotonnier, Citronnier, Maïs.
1,000 à 2,500	24 à 15	Froment, Orge, Chêne, Laurus, Quinquina, Maïs.
2,500 à 4,000	15 à 7	Pâturages, Pommes de terre, Oxalis.
4,000 à 4,800	7 à 1,7	Espeletia (Fraylejon), Saxifrages, Lichens, Algues.

« Ces zones superposées, ajoute M. Boussingault, doivent être considérées moins comme des limites absolues que comme les stations les plus favorables aux espèces que l'on y rencontre habituellement; elles prennent souvent une étendue considérable dans le sens vertical; le maïs, par exemple, que l'on n'a jamais trouvé à l'état sauvage, est une des plantes les plus indépendantes du climat, et, bien qu'il rapporte infiniment plus de semences dans les terres chaudes (*tierras templadas*), il est cultivé avec profit jusque sur les plateaux élevés. Cette extension extraordinaire de la zone est, au reste, plutôt apparente que réelle : elle vient de ce qu'elle est attribuable à l'espèce maïs, en faisant abstraction des variétés qui sont assez nombreuses : ainsi le maïs *Paitou*, que produisent les terres chaudes, diffère essentiellement du maïs des terres tempérées et des terres froides de Cundimara. Cette grande extension de zone se reproduit encore pour un des arbres les plus intéressants des forêts du nouveau continent, le quinquina (Cinchona), que l'on rencontre dans les Andes depuis 400 mètres jusqu'à 3000 mètres d'altitude; mais vers ces deux limites extrêmes les arbres à écorce fébrifuge sont clair-semés, et ils ne sont établis là que par des circonstances tout exceptionnelles. D'après mes observations, faites entre Bogota et Quito, la zone du genre Cinchona serait comprise entre 100 et 2000 mètres d'altitude, et cette ampleur proviendrait précisément de ce qu'elle comprend des espèces qui ont des habitudes climatériques fort diverses. »

Voici les altitudes et les températures moyennes des villes principales du Vénézuéla :

Noms des villes.	Altitudes en mètres.	Températures en degrés centigrades.	
La Guaira	8	29°	
Rio Chico	8	29°	
Puerto Cabello	3	27°	
Barcelona	13	28°	
Cumana	17	28°	
Carupano	8	27°	
Maracaïbo	9	27°	
San Carlos	40	26°5	
Caracas	922	21°8	max = 28° min = 9°
Victoria	915	23°	
Valencia	556	26°	
Mérida	1,649	17°9	max = 20° min = 11°3
Mucuchiz	2,360	15°[illegible]	
San Cristobal	914	21°3	
Labatera	1,137	20°9	
Upata	351	25°	
San Fernando (de Atabapo)	230	25°8	
San Fernando (de Apure)	67	32°7	
Ciudad-Bolivar	5[illegible]	30°3	
Nutrias	117	30°	

Dans les différentes provinces, on trouve les variations suivantes de température :

		Altitudes en mètres.	Variation de la température en degrés centigrades.
Sur les plaines élevées des provinces de	Trujillo......... Guzman Blanco.. Tachira..........	2,500 à 3,594	de 11° à 15°
Sur les montagnes de	Trujillo......... Guzman Blanco..	3,594 à 3,795 Il y tombe quelquefois de la neige.......	de 9° à 11°
	Guzman Blanco..	3,795 à 4,096	de 5° à 9°
		4,096 à 4,579	de 3° à 5°
		4,539 à 4,580	Neiges perpétuelles.

Le tableau suivant présente les températures moyennes dans les forêts vierges de la Guyane avec les altitudes des terrains :

Forêts.	Altitudes en mètres.	Température en degrés centigrades.
Delta de l'Orénoque et de l'Imataca.	17	25°6
Forêts de Caroni.................	251	25°5
— Yuruari....................	284	25°0
— Caura......................	334	24°4
— Guaviare et Vichada.........	234	25°8
— Atabapo....................	151	24°8
— Rio Négro et Pasimani.......	253	24°9

La limite inférieure thermique de la culture profitable peut être fixée pour le cacao à 24°, pour la canne à sucre à 23°, pour le café à 22°, pour le froment à 15° ou 16° (à des hauteurs de 2000 à 5000 mètres sous les tropiques), pour les pommes de terre, l'habituelle nourriture des habitants des hautes montagnes, à 12° ou 14°. Dans tous les cas, la durée de la culture est d'autant moindre que la température est plus élevée pendant la saison végétative : aussi, au Vénézuéla, toutes les récoltes se font rapidement. Les plantes naissent, vivent et se reproduisent par une température à peu près uniforme, et les récoltes peuvent se succéder sans interruption ; à l'homme de donner à la terre les soins nécessaires.

Sur les côtes des Antilles, on rencontre plusieurs provinces où une circonstance météorologique éminemment favorable à la végétation rend les cultures merveilleusement faciles et productives. Tandis qu'ailleurs il y a deux saisons de six mois seulement, l'une de sécheresse, l'autre de pluie, il arrive que sur les côtes, par suite d'une disposition particulière des Cordillères, quatre saisons se succèdent de trois mois chacune, trois mois secs, trois mois pluvieux, et ainsi de suite. Sous un tel climat, la végétation est absolument continue.

CHAPITRE VI

DE L'AGRICULTURE.

Étant démontré maintenant ces deux faits que le Vénézuéla présente toutes les altitudes possibles pour la vie des plantes et des animaux, avec les températures propices pour l'accomplissement le plus rapide de toutes les phases de la végétation, on peut affirmer que nulle part l'agriculture ne rencontre des conditions physiques plus complètement favorables à une prospérité maximum. Aussi toutes les importations de plantations qui y ont été faites ont été suivies de succès, et on peut même dire qu'aujourd'hui les cultures qui y donnent les meilleurs résultats sont celles qui y ont été introduites, le café en 1784, l'indigo en 1771, la canne à sucre à la fin et le tabac dans la première moitié du dixième siècle, etc. Une chose devrait étonner, c'est qu'il ne s'y fût pas encore produit un développement plus considérable de l'agriculture. La tranquillité du pays, la sécurité qu'y trouvent les cultivateurs, attireront les capitaux et les bras nécessaires pour y féconder la terre sous l'action décisive de la chaleur et de l'eau ; plus tard il faudra parler des engrais, lorsque les premières cultures auront pris dans le sol les trésors de fertilité qui s'y trouvent amassés.

D'après Codazzi et M. Téjéra, d'après diverses données fournies par M. Boussingault, et d'après quelques autres renseignements dus à des voyageurs compétents, on peut établir ainsi qu'il suit, pour 1875, les surfaces cultivées et les productions du Vénézuéla (région maritime) :

	Hectares cultivés.	Production totale kilogr.	Valeur de la production.	Produit brut par hect.
Cacao	20,600	4,600,000	9,300,000	450 fr.
Café	122,000	40,000,000	70,400,000	574 —
Coton	6,000	2,730,000	4,550,000	750 —
Tabac	4,000	3,200,000	3,180,000	795 —
Canne à sucre	35,000	42,176,624[1]	25,000,000	714 —
Indigo	600	85,000	850,000	1,413 —
Yuca[2]	10,000	24,000,000[3]	7,600,000	760 —
Maïs	15,200	102,000,000	18,000,000	1,184 —
Blé	3,700	6,624,000[4]	1,700,000	459 —
Graines diverses	26,200	33,700,000	16,800,000	641 —
Coco[5]	740	1,840,000	184,000	248 —
Platanos[6]	27,500	4,950,000,000	19.300,000	700 —
Fruits, gommes, résines et autres produits	8,460	»	16,636,000	197 —
Totaux	280,000	»	193,500,000	
Produit brut moyen par hectare				691 fr.

D'après Léonce de Lavergne, le produit brut de l'hectare, dans la région nord de la France, la plus riche de notre pays, ne dépasse pas en moyenne 180 francs.

1. Sucre, mélasse et alcool.
2. Jatropha manihot.
3. Amidon et pain de cassave.
4. 18 quintaux ou 22 hectolitres par hectare.
5. Lodoicea cocos nucifera.
6. Musa paradisiaca, bananier.

Ce rapprochement suffit pour fortifier l'appréciation de ceux qui regardent toute la côte du Vénézuéla regardant les Antilles comme une des terres les plus fécondes du monde entier.

Les résultats précédents ne sont relatifs qu'aux cultures proprement dites, ils ne concernent ni les bois de teinture, ni le produit de l'exploitation des forêts, des herbages, etc. Il est important d'avoir un aperçu du bétail existant ; on peut établir les évaluations suivantes, d'après les renseignements fournis par M. Téjéra :

	Population en animaux domestiques. Têtes.	Valeur des animaux existants. Francs.	Taux de l'évaluation par tête. Francs.
Espèce chevaline	93,800	23,450,000	250
Espèce asine	281,000	8,430,000	30
Mules et mulets	47,200	9,440,000	200
Espèce bovine	1,390,000	101,200,000	70
Bêtes à laine	1,130,000	7,910,000	9
Espèce porcine	365,000	10,585,000	29

Total de la valeur des animaux domestiques : 161,015,000 fr.

M. Téjéra donne l'évaluation suivante pour la production annuelle :

Têtes de l'espèce chevaline	19,800	valant	4,950,000 fr.
— — mulassière	22,000	—	4,350,000 —
— — asine	48,000	—	1,424,000 —
— — bovine	278,000	—	22,237,000 —
Litres de lait	13,898,000	—	1,390,000 —
Kilogrammes de fromage	7,411,000	—	14,800,000 —
Têtes des espèces à laine	1,130,000	—	8,460,000 —
Litres de lait	2,257,000	—	1,128,000 —
Kilogrammes de fromage	410,000	—	820,000 —

Total de la production animale annuelle.... 58,559,000 fr.

Même en faisant subir une forte réduction à l'évaluation du revenu précédent, on doit reconnaître que les spéculations animales sont, au Vénézuéla, essentiellement fructueuses.

La production du lait par tête de vache est estimée être de 8 litres par jour pendant six mois, ou bien 300 kilogrammes de fromage de gruyère ; il est compté que cinq chèvres peuvent donner un litre de lait par jour.

L'exportation de l'espèce bovine est actuellement de 7000 têtes par an. On exporte en même temps les cuirs de 130,000 animaux de l'espèce bovine, dont le poids est en moyenne de 10 à 11 kilogrammes, et les cuirs de 150,000 brebis ou chèvres pesant de 3 à 4 kilogrammes chacun. Les cuirs de cerfs du Vénézuéla sont aussi très recherchés, notamment par les États-Unis d'Amérique ; c'est le produit de la chasse des tribus indiennes, surtout de celles de l'Est, où les cerfs se rencontrent dans les montagnes en troupeaux nombreux.

Il faut ajouter encore que parmi les richesses minérales signalées dans les États de la République du Vénézuéla, il en est plusieurs qui ajouteront certainement beaucoup un jour à la puissance de son agriculture. Tels sont le plâtre ou sulfate de chaux qui se rencontre en grandes masses dans les terrains de sédiment, et dont on trouve des carrières importantes autour de Barquisimeto ; le sel de nitre qui existe abondamment aux environs de Pozuelos, dans l'État de Barcelone, et dans la vallée d'Arajua, dans l'État de Carabobo ; enfin et surtout le phosphate de chaux, que l'on a découvert soit à l'état de coprolithes, soit à l'état de roches formant des carrières considérables. Il en existe de grandes quantités sur le territoire de Colon et particulièrement dans les collines des Grandes-Roques. Des analyses y ont constaté de 31 à 36 pour 100 d'acide phosphorique, soit de 66 à 78 de phosphate de chaux tribasique. On pourra donc facilement entretenir la fertilité des terres dont on décidera l'exploitation, au moyen des engrais azotés et phosphatés qui existent sur le territoire du Vénézuéla.

CHAPITRE VII

SUR LA MAIN-D'ŒUVRE.

Pour quiconque veut fonder un établissement soit agricole, soit industriel, de quelque durée, il est indispensable de s'assurer de la main-d'œuvre et de connaître les conditions auxquelles on doit satisfaire pour en obtenir.

Dans le Vénézuéla, sur les côtes de la mer des Antilles particulièrement, la journée d'homme des indigènes coûte de 3 à 4 francs ; mais on ne peut se procurer des ouvriers qu'en nombre limité et selon la population des lieux habités. Il sera nécessaire de faire venir des travailleurs. Nous ne saurions trop conseiller, dans l'état actuel des choses, de songer aux ouvriers qu'on pourrait engager à Cuba où l'état politique incertain a supprimé la sécurité du travail. Les ouvriers agricoles qu'on y trouvera auront cet avantage de connaître la culture de la canne à sucre et celle du tabac, c'est-à-dire deux des cultures qu'on doit le plus recommander sur les côtes vénézuéliennes des Antilles. On pourra aussi avoir recours à l'immigration indienne, et à cet égard on peut citer un exemple encourageant. Les exploitations sucrières de la Guadeloupe sont généralement cultivées par des Indiens qui arrivent par Calcutta, où des nav vont les prendre pour les amener dans la colo dont le gouvernement encourage par des subventi et par la surveillance les services maritimes qui livrent au transport des travailleurs agricoles. L'e gagement d'un Indien coûte 500 francs, dont le go vernement de la Guadeloupe paye la moitié, de te sorte que le planteur n'a à payer que 250 fr. L frais de transport ne s'élèvent pas à plus de 150 fran L'Indien part seul ou accompagné de sa femme et ses enfants. A Calcutta, des agents se chargent recruter les travailleurs et de les expédier un fois que les engagements sont contractés. La journ de l'homme est payée 48 centimes, celle de la femm 33 centimes, celle de l'enfant, âgé de moins de 16 ans 24 centimes. La durée du travail est de 10 heures pa jour ; l'Indien ne travaille le dimanche que dans le cas exceptionnels et fixés à l'avance ; mais le dimanche ne lui est pas payé. L'alimentation que l'Indien doit recevoir consiste en 800 grammes de riz et 125 grammes de morue par jour. La paye se fait tous les 26 jours. Le rapatriement, à l'expiration de l'engagement, est garanti par le contrat ; si l'Indien est condamné par les tribunaux pour un délit ou un crime, il perd ses droits au bénéfice de cette dernière clause. Les compagnies de transports transatlantiques se chargeront certainement d'amener des ouvriers indiens au Vénézuéla.

Comme les conditions du travail à demander aux ouvriers sont très variables, selon les cultures, changeant elles-mêmes selon les climats que l'on se procure en quelque sorte en allant se placer à des altitudes plus ou moins grandes, on devra choisir les travailleurs selon leurs aptitudes et les situations. Pour la plaine, au bord de la mer, on cherchera des cultivateurs pour le tabac et pour la canne, et on s'éęvant un peu pour le cacaotier. Vers 500 mètres, on ultivera le caféier, et un peu plus haut le cotonnier, nais on ne s'élèvera guère à plus de 1000 mètres pour 'adonner aux cultures tropicales, ainsi qu'il résulte les données établies dans le chapitre traitant du climat.

Il résulte de démarches faites dans les îles anglaises t françaises des Antilles qu'on pourrait très facilenent s'y procurer mille travailleurs noirs, avec des ngagements assurant leur rapatriement.

Des démarches analogues faites aux îles Canaries nt démontré qu'on pourrait obtenir facilement, pour 'entreprise projetée au Vénézuéla, 3000 Canariens.

Depuis quelques années, les Italiens de la région du Nord émigrent volontiers au Vénézuéla; ils y ont rès bien réussi, surtout dans les altitudes de 500 à 00 mètres, et particulièrement pour la culture du afé, de même que pour l'élevage du bétail. Si l'on avait, dans l'Italie du nord, qu'on a besoin de traailleurs qui trouveraient une existence assurée dans me partie quelconque du Vénézuéla, à une altitude ui, tout en donnant un climat régulier, n'impose as de trop fortes chaleurs, il n'est pas douteux que ette émigration prendrait un nouvel élan.

On peut donc regarder comme facilement soluble le roblème de la main-d'œuvre agricole au Vénézuéla.

CHAPITRE VIII

PROJET D'UN ÉTABLISSEMENT AGRICOLE SUR LA CÔTE DU VÉNÉZUÉLA DE NAIGUATA AU CAP CODERA.

Après les études contenues dans les chapitres précédents, on peut apprécier les conditions de prospérité que trouverait dans le Vénézuéla une entreprise agricole ayant pour but de tirer parti des richesses de son sol, de son climat et de sa position géographique. Il convient donc d'exposer dans son ensemble le projet de l'établissement que l'on se propose de faire sur les bords de la mer des Antilles, de Naiguata au cap Codera, c'est-à-dire à une petite distance de la Guaira, à l'Est de ce port important et dans l'État même de Bolivar. Une chaîne de montagnes borde la mer à la Guaira ; elle se dirige vers le cap Codera en s'écartant peu à peu de la côte, et en y faisant une belle plage. Des contreforts se détachent de cette chaîne de montagnes et y constituent des vallées admirablement situées; ce sont successivement les vallées : 1° de Camury-Grande, 2° d'Anare, 3° de los Caracas, 4° d'Osma, 5° d'Uritapo, 6° de Todasana, 7° de Panecillo, 8° de Carjuao ou Caruao, 9° de Chuspa jusqu'à la pointe Maspa; 10° d'Aricagua jusqu'à la pointe Chirimena ; ensuite une chaîne de grandes collines se prolonge jusqu'au cap Codera en formant l'anse ou baie de Corsarios; ces collines à partir de Chuspa vont en pentes rapides vers le cap et se rapprochent de plus en plus de la mer. La vallée d'Aricagua est assez étroite, et les collines incultes qui suivent jusqu'au cap Codera n'ont pas une grande valeur; elles achèvent une enceinte très remarquablement située tant pour l'agriculture que pour l'industrie agricole et le commerce. Les possessions considérables contenues dans cette enceinte forment des concessions remontant aux anciens temps de l'occupation espagnole et qui ont été sans doute la récompense de services ou le résultat de faveurs accordées aux familles des premiers occupants. Les titres de propriété les désignent toutes par l'indication de leur étendue sur le bord de la mer, d'un cap à un autre avec une profondeur de cinq lieues au moins, s'étendant jusqu'à la cime principale. Beaucoup de cultures naguère établies avec succès au temps de l'esclavage ont été abandonnées depuis, mais il existe encore beaucoup de plantations. Un voyageur qui visitait la vallée de Camury en octobre 1879 pouvait en dire : « On ne saurait exprimer la sensation que fait éprouver cette merveilleuse végétation des tropiques; son aspect remplit de réelle surprise l'Européen par sa variété et sa grandeur. Arbres immenses que des lianes rattachent à la terre, formant autour d'eux comme les gréements d'un navire; parasites monstrueux, plantes de toutes sortes, composant un taillis inextricable au milieu duquel passent les rivières ou les torrents ! La forêt vierge règne sur toutes les hauteurs. Le pays, attiédi le jour par la brise de la mer, est rafraîchi le soir par celle qui vient de la montagne, de telle sorte que la salubrité est assurée. Les plantations que l'on rencontre sont d'une admirable vigueur, et elles donneront de magnifiques résultats, si de bons administrateurs viennent dans la contrée pour exploiter judicieusement cette terre promise. »

Les propriétaires actuels ne tirent pas grand'chose de leurs domaines, faute de moyens pour les bien exploiter : aussi les ont-ils cédés ou les cèderaient-ils volontiers pour des prix peu élevés, et n'est-il pas bien difficile d'obtenir leur assentiment pour la concession des terres que nous venons de délimiter, dans l'espoir de la fondation d'une grande entreprise dont le gouvernement de Bolivar ne saurait que désirer le succès, car elle serait l'aurore d'une ère de prospérité pour la République tout entière.

Les possessions dont nous venons d'esquisser l'ensemble occupent le long de la mer :

Camury-Grande	1 lieue et demie,
Anare	une demi-lieue,
Los Caracas	2 lieues et demie,
Osma	une demi-lieue.
Uritapo	1 lieue,
Todasana	1 lieue,
Panecillo	2 lieues,
Carjuao	1 lieue et demie,
Chuspa	2 lieues et demie.

Le total est de 13 lieues de 5,600 mètres chacune, soit environ 73 kilomètres. Toutes les possessions ayant en moyenne 5 lieues de profondeur, soit à peu près 28 kilomètres, on a une superficie de 2,000 kilomètres carrés ou 200,000 hectares jusqu'à la pointe de Muspa.

On lira d'ailleurs, avec intérêt, quelques détails sur chacune des possessions, afin d'apprendre à bien connaître les lieux, et de compléter ainsi les notions générales que les chapitres antérieurs ont fournies sur le Vénézuéla.

Dans la direction de La Guaira à Naiguala, on rencontre d'abord une petite ville, Macuto, qui présente une plage fréquentée par la société élégante de Caracas; elle n'est qu'à quelques kilomètres de La Guaira. Quelques heures de route à cheval conduisent ensuite à Naiguata, village comptant 200 habitants, dont les maisons en terre sont recouvertes en feuilles de palmier et d'aloès, et bâties sur un escarpement aride, à la manière d'un camp retranché ! Avant d'y arriver, on rencontre le petit village de Caraballeda, endroit où les Espagnols débarquèrent pour la première fois. A mi-route, on trouve aussi une ferme (hacienda), autrefois importante, mais où l'on ne fait plus qu'une petite culture de cannes pour fabriquer de l'eau-de-vie. De Naiguata, on se rend facilement dans la vallée de Camury-Grande, où se trouvent quelques cultures, mais elle ne compte guère qu'une centaine d'habitants, dont quarante hommes ou femmes à peine pourraient travailler. Elle est divisée en deux parties par un massif de 300 mètres d'élévation, qui se trouve au milieu, mais qui ne descend pas jusqu'à la mer. En avant, vers la mer, est une plaine admirablement arrosée par plusieurs petits cours d'eau ; on pourrait y cultiver 60 hectares dont 20 sont déjà plantés en cannes à sucre pour faire de l'eau-de-vie, eau ardente (aguardiente).

Au fond de la vallée, sur les plateaux, est une plantation de 200,000 pieds de caféiers, dont 100,000 sont en production, donnant de 500 à 600 quintaux de la meilleure qualité de café du pays. Ces plantations s'élèvent jusqu'à 700 mètres d'altitude.

Il serait possible de planter plus de 500,000 pieds de caféiers sur les versants et plateaux des montagnes, à des hauteurs variant de 300 à 1,000 mètres.

Il existe sur cette possession une petite usine pour la fabrication du sucre inférieur indigène, appelé *papelon*, et un alambic pour faire de l'*aguardiente*. Il y a aussi une habitation, mais en mauvais état.

Dans certaines parties de cette propriété on a cultivé, autrefois, du coton; il existe encore quelques cotonniers. Cette plante venait très bien.

On y trouve enfin des terrains très propices à la culture du maïs et de ce qu'on appelle, au Vénézuela, *frutos menores* (bananiers, yuca, patates, etc.), qui servent pour la nourriture des ouvriers employés.

Un contrefort considérable sépare Camury-Grande d'*Anare*. Chacune des deux propriétés possède une moitié de ce contrefort. On pourrait très facilement y cultiver de la *Cocuissa* ou de l'aloès. La cocuissa est une plante textile de la même famille que l'aloès. On en extrait les fibres pour faire des cordes et tisser une espèce de toile. Avec cette toile, on prépare des sacs très estimés dans le pays. Cette plante produit également une liqueur que l'on distille pour en obtenir de l'eau-de-vie. La culture de la cocuissa est très développée au Mexique et au Yucatan; dans ce dernier pays on l'exploite avec un certain avantage.

La vallée d'*Anare* est peu étendue, elle est parfaitement arrosée par une petite rivière. On y trouve une quinzaine de travailleurs appartenant à une seule famille. Dans la partie basse de cette vallée, quelques hectares de terrain sont cultivés en cannes à sucre. Il s'y trouve un alambic pour faire de l'aguardiente.

La vallée de *los Caracas* est une des plus importantes de cette côte, par sa grandeur, ses terrains fertiles et bien disposés. Dans la partie de la vallée venant à la mer, se trouve une hacienda de cacaotiers qui, quoique placée dans un lieu véritablement magnifique, est abandonnée. Deux petites rivières arrosent abondamment la vallée. Il y existe actuellement une hacienda et une plantation de 27,000 pieds de cacaotiers. Par faute de chemin et même de sentiers, cette hacienda est complètement isolée du fond de la vallée où a été créée une plantation de caféiers, entre 400 et

600 mètres de hauteur, à un point que l'on nomme Hondonada. Il y a là, actuellement, 150,000 pieds de caféiers plantés, et le terrain préparé pour 50,000 autres. Ces plantations ne datent que de deux ans. Elles sont faites avec assez de soins, quoique les plants en soient trop rapprochés. On pourrait planter, sur les versants et plateaux des montagnes qui sont au fond de la vallée de los Caracas, 1,500,000 pieds de caféiers.

La vallée d'*Osma* est arrosée par une rivière. Il y existe une plantation de cacaotiers tout à fait abandonnée.

On pourrait, dans les deux vallées de los Caracas et Osma, avoir 65,000 pieds de cacaotiers. Au fond de la vallée d'Osma, on pourrait établir 300,000 pieds de caféiers.

Il n'existe à Osma aucune habitation; celle qui est à los Caracas est en très mauvais état. On estime qu'entre los Caracas et Osma, il y a 250 à 300 habitants, sur lesquels 70 à 75 hommes ou femmes pouvant travailler.

Pour se rendre d'Osma à Uritapo, on traverse des contreforts où l'on pourrait cultiver, comme d'ailleurs sur tous les contreforts de la côte, de la cocuissa ou toute autre plante textile.

Dans tous les contreforts, montagnes et vallées, il existe du bois de construction dont on pourrait tirer parti, s'il y avait des voies de communication. On y rencontre des cèdres, des gaïacs, et même des quinas du côté de Chuspa et de Carjuao.

Uritapo est une vallée étroite, bien arrosée, et dans laquelle il existe actuellement 27,000 pieds de cacaotiers, sur lesquels 20,000 sont en production et en bon état. On pourrait y avoir 40,000 pieds de cet arbre.

Dans le fond de la vallée, il n'existe pas de plantations de caféiers, mais il serait facile d'y en créer une de 400,000 à 500,000 pieds.

Cent habitants environ, dont 20 à 25 travailleurs, sont établis dans cette vallée.

L'habitation d'Uritapo est remarquable par sa situation. Placée sur un *Cerro*, à 100 mètres de hauteur, elle domine complètement la vallée et n'est commandée que par un seul point avec lequel elle peut communiquer facilement. C'est la position d'une véritable forteresse. Elle est connue, d'ailleurs, par les caboteurs de la côte, sous le nom de Castillo. Les bâtiments sont en assez bon état.

La vallée de *Todasana* est ce qu'on appelle au Vénézuéla *Obra pia*. Elle provient d'une succession de couvents, et c'est aujourd'hui la ville de La Guaira qui jouit de cette possession; mais il ne s'y trouve absolument rien; et, cependant, cette vallée est meilleure que celle d'Uritapo. Elle est louée à quelques travailleurs. On estime son produit à 80 ou 100 francs par mois. On pourrait y établir 40,000 pieds de cacaotiers, et plus de 500,000 pieds de caféiers. Sa population est à peine de cent âmes.

La vallée de *Panecillo* comprend une douzaine de propriétés nommées Santa Clara, San Faustino, El Banco, La Concepcion, Guzman Blanco, La Cumata, Leandro, Mayacual, etc.

Il existe à Santa Clara et à San Faustino quelques plantations de cacaotiers qui produisent environ 50 fanegas par an (la fanega vaut 106 livres espagnoles). On pourrait planter dans ces deux propriétés 25,000 pieds de cacaotiers et plus de 10,000 pieds de caféiers.

El Banco possède déjà 30,000 pieds de cacaotiers, et l'on pourrait y porter la plantation à 50,000 pieds; sur les montagnes, il serait possible de mettre 50,000 pieds de caféiers.

Au bord de la mer, sur cette propriété, se trouve un village nommé la Sabana, de 500 habitants. Il n'existe que par tolérance, mais c'est le produit le plus net du propriétaire d'El Banco, qui loue le terrain sur lequel il est bâti.

La Concepcion est une plaine le long de la plage. Il ne s'y trouve rien actuellement, on pourrait y planter des cocotiers.

Guzman Blanco et les autres propriétés ne sont bonnes que pour l'élevage des animaux qu'on y pratique déjà. Sur les montagnes de Guzman Blanco, on pourrait planter 50,000 pieds de caféiers.

La vallée de Caruao est bien plus considérable que celles dont nous venons de parler. Il y a quelques plantations de cacaotiers, mais sans importance. On pourrait y établir 120,000 pieds de cacaotiers. Les rivières sont assez abondantes pour permettre d'irriguer ces nombreuses plantations. Il s'y rencontre des chutes d'eau qu'on pourrait avantageusement utiliser. Sur les versants et plateaux des montagnes, on pourrait planter une quantité de caféiers qu'il est impossible d'estimer, mais qui ne serait pas inférieure à un million de pieds.

Il y aurait également lieu d'y cultiver le maïs, la cocuissa, etc., et d'y faire des plantations considérables de cocotiers.

Il n'y existe pas de maisons d'habitation. La population est d'environ 100 habitants dont 25 à 30 travailleurs.

Deux rivières arrosent cette vallée. De même que le fond de los Caracas communique par un sentier avec celle d'Anare, le fond de la vallée de Caruao peut communiquer avec celle de los Caracas. Ce qui donne une grande unité à cette partie du territoire qu'il s'agirait d'exploiter.

La vallée de *Chuspa* comprend deux propriétés Vergara et San Antonio. Vergara possède déjà une plantation de cacaotiers assez mal entretenue. A San Antonio, il n'y a absolument rien. On pourrait, dans ces deux propriétés, faire 100,000 pieds de cacaotiers, planter une quantité considérable de pieds de caféiers, et enfin y élever de 300 à 400 vaches.

La vallée de Chuspa est celle qui présente la plus grande étendue depuis les montagnes jusqu'à la mer. La rivière baignant cette vallée et portant le même nom devient plus considérable que les autres à son embouchure. Elle aboutit à la seule baie convenablement abritée que l'on rencontre le long de la côte depuis La Guaira. Cette vallée compte environ cent habitants, dont une cinquantaine établis dans un petit village qui borde la mer, et le reste répandu sur la propriété.

La propriété de Chuspa va jusqu'à la pointe de Maspa. Pour passer de cette vallée de Chuspa à celle d'Aricagua, il faut franchir un col très étroit, de sorte que, à certain point de vue, il existerait une séparation bien marquée, si on arrêtait les établissements projetés à cette limite. Néanmoins, il y aurait lieu de s'étendre dans la vallée d'Aricagua qui appartient à de petits propriétaires. Elle est très riche ; on y cultive déjà le cacaotier, et on y fait l'élevage des bestiaux.

Avec très peu de travaux, on rendrait la rivière de Chuspa praticable pour des chalands, des chaloupes et des canots. Le mouillage pour les grands bâtiments est assez près de la côte et bien à l'abri. C'est le seul point de toutes les propriétés décrites où l'on pourrait établir un port de débarquement. C'est même depuis le cap Codera jusqu'à La Guaira le meilleur de toute la côte; on y aurait un port bien supérieur à celui de La Guaira.

La population des vallées qui viennent d'être

passées en revue n'est pas originaire du pays. Elle est surtout composée de descendants d'esclaves transportés d'Afrique au temps de la domination espagnole. Ce sont des noirs restés sur les possessions après l'abolition de l'esclavage. On trouverait chez eux un élément de travail qui ne serait pas sans quelque valeur, pour les cultures du cacaotier dans les terrains bas. Dans les montagnes, on pourrait employer des Canariens et même, sur les hauteurs, des Européens. On pourrait enfin avoir recours à l'importation des travailleurs, ainsi qu'il a été expliqué dans un chapitre précédent. Une recommandation à suivre, ce serait toujours d'amener, du moins dans le commencement, pour une part, des hommes déjà habitués aux cultures qu'il s'agira de faire.

Dans l'état actuel des choses, la population totale établie sur les propriétés examinées s'élève à mille habitants, sur lesquels trois cents hommes et cent cinquante femmes peuvent travailler. Elle est insuffisante pour une bonne exploitation, mais elle servirait très utilement, surtout dans les terres chaudes, c'est-à-dire dans les parties basses des vallées. D'ailleurs, quelques-uns des propriétaires, demeurés sur les domaines, alors que la majorité s'est expatriée à l'époque des guerres de l'Indépendance, sont des agriculteurs habiles qui ont manqué de capitaux pour donner de l'impulsion à leurs affaires agricoles; mais ils ne demanderaient pas mieux que d'entrer comme auxiliaires dans une grande entreprise qui leur apporterait l'aisance en même temps qu'elle régénérerait le pays. Le commerce est maintenant tellement difficile, en l'absence de chemins, que l'on ne fait pour l'exportation que les deux produits du plus facile transport, le café et le cacao, et encore dans de faibles quantités qui correspondent aux moyens d'action dont on dispose. Le tabac, le sucre, les textiles et tant d'autres produits ne sont obtenus que pour les besoins locaux, et dans de misérables conditions, tandis qu'on pourrait en tirer d'immenses richesses! Aujourd'hui les chemins qui existent ne sont que les sentiers jadis créés par les Indiens, et il est curieux de voir les habitants s'enorgueillir d'avoir conservé dans toute son imperfection l'œuvre de leurs devanciers ; le plus souvent on suit le lit des rivières ou des torrents lorsqu'on veut aller d'un endroit à l'autre, ou gagner les bords de la mer. L'art des irrigations qu'il serait si facile d'établir est tout à fait dans l'enfance; on obtiendrait avec des arrosages bien entendus des productions qui dépasseraient certainement celles des pays où l'on se félicite le plus de l'emploi intelligent de l'eau. D'après l'épaisseur et la richesse des terres cultivables, dont la fécondité n'a jamais été entamée, on peut d'ailleurs affirmer que les rendements des cultures dépasseraient les chiffres constatés ailleurs dans les meilleures terres.

Toute entreprise agricole d'une certaine ampleur doit être complétée par quelques établissements industriels, car il faut transformer les récoltes, et tout au moins les mettre dans le meilleur état d'apprêt pour la vente; il faut aussi savoir se servir sur place de tous les éléments de richesse que l'on rencontre dans une contrée et qui ne sont transportables qu'après l'application des travaux de l'homme. Les 200,000 hectares de terre dont nous avons cherché à faire saisir la physionomie doivent devenir le siège d'une exploitation facile à la fois aux points de vue agricole, minier, maritime et commercial. On s'affermit dans cette pensée lorsqu'on sait que non loin de là il existe des mines de houille parfaitement exploitables.

Quoi qu'il en soit, en résumant les observations qui précèdent, et établissant une sorte de tableau des cultures qu'on peut établir dans les différentes propriétés passées en revue, on trouve les très intéressants résultats qui suivent :

Camury-Grande. — La propriété de Camury-Grande compte aujourd'hui 200,000 pieds de caféiers produisant 666 quintaux. On pourrait y planter encore 300,000 pieds de cette même plante, ce qui donnerait un total de 500,000 pieds, produisant annuellement 3,333 quintaux de café (chaque quintal étant de 50 kilogrammes).

On trouve en outre à Camury une exploitation de cannes à sucre pour faire de l'aguardiente, ainsi que les instruments nécessaires à sa distillation. Enfin, certaines parties non occupées par les plantations de caféiers pourraient être cultivées, soit en cocuissa, soit en bananiers ou même en maïs.

Anare. — Anare n'offre en fait de culture qu'une plantation de cannes à sucre pour faire l'aguardiente, où se trouve le matériel nécessaire.

On pourrait planter sur cette propriété 30,000 pieds de caféiers, fournissant une récolte annuelle de 200 quintaux de café.

Los Caracas, Osma, Hondonada. — La propriété de los Caracas avec celle d'Osma compte 40,000 pieds de cacaotiers, produisant annuellement 320 fanegas de cacao (chaque fanega pesant 50 kilogrammes). On pourrait y planter encore 25,000 pieds, de manière que la propriété comptât 65,000 cacaotiers, donnant une récolte de 525 fanegas de cacao.

Dans la partie nommée Hondanada, se trouvent plantés 150,000 pieds de caféiers, qui produiront dans deux ou trois ans 1,000 quintaux de café. On pourrait ajouter au nombre des caféiers existants 1,350,000 pieds, ce qui porterait à 1,500,000 pieds le nombre des caféiers, pouvant donner une récolte annuelle de 10,000 quintaux de café (500,000 kilogrammes).

Uritapo. — Cette propriété possède déjà 27,000 pieds de cacaotiers produisant 216 fanegas. Il serait facile d'y planter encore 13,000 cacaotiers, ce qui donnerait un produit annuel de 320 fanegas avec 40,000 arbres. Sur les hauteurs on pourrait établir 500,000 pieds de caféiers rendant annuellement 3,333 quintaux de café.

Todasana. — On pourrait établir à Todasana 40,000 cacaotiers d'un rapport annuel de 320 fanegas de cacao. Des caféiers pourraient y être plantés au nombre de 500,000, offrant un rapport annuel de 3,333 quintaux de café.

Vallée de Panecilla. — Cette propriété possède 12,000 pieds de cacaotiers en rapport, produisant 76 fanegas de cacao. On pourrait accroître la plantation de 13,000 arbres, élevant à 25,000 pieds le nombre des cacaotiers en exploitation, et donnant un résultat annuel de 200 fanegas de cacao. On pourrait encore planter 100,000 pieds de caféiers produisant 666 quintaux de café par an.

El Banco. — On trouve sur cette propriété 15,000 pieds de cacaotiers produisant 120 fanegas de cacao. On pourrait y ajouter 10,000 arbres, ce qui ferait un total de 25,000 arbres produisant 140 fanegas de cacao par an. Le café pourrait y être planté dans les proportions de 50,000 pieds, fournissant une récolte annuelle de 333 quintaux de café.

La Concepcion. — Cette propriété ne se prêterait qu'à l'élevage des bestiaux, ou bien à des cultures secondaires.

Guzman Blanco. — On pourrait établir sur ce territoire 50,000 caféiers produisant 333 quintaux de café par an.

La Cumaca, *Leandra*, etc. — Ces petites propriétés ne pourraient guère être employées que pour l'élevage des bestiaux.

Caruao. — La vallée de Caruao compte aujourd'hui 20,000 cacaotiers produisant 160 fanegas de cacao par an; on pourrait ajouter à cette plantation 100,000 autres pieds, ce qui ferait 120,000 en tout, pouvant fournir 960 fanegas de cacao à l'année. Les caféiers pourraient s'y établir au nombre de 1,000,000 produisant un revenu annuel de 6,666 quintaux de café.

Chuspa. — La vallée de Chuspa, où l'on pourrait élever des bestiaux en grande quantité, offre des terrains où l'on pourrait établir 100,000 pieds de cacaotiers produisant 800 fanegas de cacao à l'année.

Si l'on récapitule, on trouve :

Que le nombre des pieds de cacaotiers pourrait être porté de 114,000 existant actuellement à 415,000, ceux-ci produisant 3,320 fanegas ou 1,660,000 kilogrammes de cacao qui, au prix moyen de 1 fr. 60 le kilogramme, fourniraient une somme de 2,656,000 francs;

Que le nombre de pieds de caféiers pourrait être porté de 350,000 existant actuellement à 4,230,000, ceux-ci produisant 28,200 quintaux de 50 kilogr., ou à 1,410,000 kilogrammes de café qui, au prix moyen de 1 fr. 46 le kilogramme, donneraient une recette brute de 2,058,000 francs.

Les chiffres qui précèdent, en ce qui concerne les plantations à faire et les produits annuels, sont ceux des évaluations que nous a remises M. Delort. Elles sont au-dessous de la vérité, et certainement, avec une bonne administration, on obtiendra des produits très notablement supérieurs. Du reste, il n'y a pas d'objections à faire à la manière de procéder de M. Delort, qui veut rester au-dessous de la vérité, afin de ne pouvoir pas être taxé d'exagération. Nous ajouterons que nous avons trouvé, dans tous les cas où il nous a été possible de le faire, une vérification absolue de ses descriptions, de telle sorte que nous estimons qu'il est impossible de ne pas attacher la plus grande confiance à ses appréciations; il voit juste. Les propriétés sur lesquelles seront faites les cultures projetées sont, il importe de le remarquer, dans cette partie des côtes où la saison des pluies revient tous les trois mois, circonstance éminemment favorable, ainsi qu'il a été indiqué au chapitre V.

Outre le café et le cacao, on devra demander à l'entreprise agricole projetée, non pas seulement encore des matières textiles, ainsi qu'il a été dit aussi, ou bien du bétail, mais en même temps beaucoup d'autres produits, en mettant en tête le tabac. On devra chercher à faire des cultures qui donneront des résultats dans l'année, en même temps qu'on fera des plantations qui ne fourniront des résultats qu'au bout de quelques années, quelque beaux que soient d'ailleurs les bénéfices. Dans toute entreprise agricole dont on veut assurer le succès, il faut allier les spéculations produisant immédiatement et tous les ans aux spéculations d'avenir.

Nous allons dans les chapitres suivants étudier successivement les cultures qu'il convient d'établir de Naiguata à Codera. Mais auparavant nous donnerons une étude rapide sur l'Orénoque d'après les notes prises en 1879 par M. Delort, car il y a une région qui mérite, aussi bien que la région maritime privilégiée dont nous venons d'examiner une partie, d'attirer l'attention de l'Europe. S'exprimer ainsi, ce n'est d'ailleurs que répéter vers la fin du 19e siècle ce que disait déjà Alexandre de Humboldt lorsque ce siècle naissait à peine : il faut du temps aux vérités pour être accueillies

CHAPITRE IX

SUR L'ORÉNOQUE

L'Orénoque est actuellement ouvert à tous les pavillons jusqu'à Ciudad-Bolivar, capitale de l'État de Guyane, qui se trouve à 420 kilomètres de la grande embouchure de ce fleuve.

En se jetant à la mer, l'Orénoque forme un immense delta divisé en deux parties par le canal ou cano Macareo.

Le Macareo a 250 kilomètres de longueur ; sa profondeur varie entre 3 et 5 mètres, suivant les saisons.

De l'embouchure du Macareo à la grande embouchure appelée Boca de Navios, il n'y a plus, pour communiquer avec l'Orénoque, que des canos, dont la profondeur varie généralement entre 3 mètres et 2 mètres 50, et qui quelquefois même est moindre.

A l'ouest du Macareo viennent s'y jeter deux grands canos : le Manairo et le Pedernales. Le premier est plus long et plus large que le Macareo ; sa profondeur est d'environ 5 mètres. Le second encore plus large et plus long présente des parties où l'on trouve à peine 3 mètres d'eau. La grande embouchure permet aux navires calant 5 à 6 mètres d'entrer dans l'Orénoque.

Telles sont les grandes embouchures de ce fleuve, qui n'en compte pas moins de 19.

Toutes les îles du delta sont composées de terres d'alluvion, et sont en partie seulement inondées à l'époque de la crue des eaux. Ces terres sont d'une très grande fertilité. Pour les livrer à la culture, il suffirait de quelques travaux d'endiguement et d'irrigation.

Le delta est habité par les Indiens Guaranuos, qui cultivent les terrains élevés, c'est-à-dire non sujets à l'inondation, simplement pour leurs besoins; il y vient des bananiers, des yucas, du maïs, du tabac, etc.

La rive sud de l'Orénoque, depuis la grande embouchure jusqu'à la naissance du delta, près de Barancas, est également formée de terrains d'alluvion. Les Espagnols s'y étaient autrefois établis sur les bords du cano Toro. Ils y avaient créé des haciendas de cacaotiers. Il se trouve dans ces contrées et jusqu'aux montagnes d'Imataca des bois très beaux, que l'on pourrait exploiter par les rivières presque toutes navigables.

Les Indiens Guaranuos sont originaires de cette partie de la Guyane et en sont encore les seuls habitants. Ils ont évidemment passé dans le delta du fleuve, à mesure que le dessèchement se produisait dans cette immense embouchure, qui a dû être dans les premiers âges couverte d'eau depuis la grande bouche jusqu'à la bouche Vagre.

L'île Tortola était réputée du temps des Espagnols comme d''une très grande richesse; il s'y trouverait un gisement de charbon de terre près du cano Piacoa. Mais on ne sait même pas à Ciudad-Bolivar si aujourd'hui cette île est habitée. Pour avoir des notions sur cette contrée de la Guyane, il faut les rechercher dans les documents datant de l'occupation espagnole.

Le gouvernement vénézuélien, en mettant le bureau des douanes à Ciudad-Bolivar et forçant tous les bâtiments à n'avoir pas de relations avec la terre, avant ce port, a fait de ces contrées un immense désert. Quelques bâtiments à voiles et de rares vapeurs qui ne calent que 3 mètres entrent par la grande bouche du fleuve; tout le reste passe par le Macareo. Port d'Espagne est devenu de la sorte l'entrepôt de la Guyane vénézuélienne. Tout le commerce se fait par la ligne des vapeurs établie entre la Trinidad et Ciudad-Bolivar.

Au-dessus de Barrancas, l'Orénoque ne présente plus sur ses bords que des terrains sablonneux et d'une végétation assez maigre. Sur la rive gauche, on aperçoit les grandes plaines des États de Maturin et Barcelone, plaines qui sont en grande partie inondées lors des crues du fleuve, et qui ne peuvent servir que pour l'élevage des bestiaux. Une herbe très haute et fort épaisse y croît, après que les eaux se sont retirées. Les animaux réfugiés pendant les temps d'hivernage sur des monticules descendent dans les plaines pendant la saison sèche.

Sur la rive droite, les terrains paraissent meilleurs, et on y voit des arbres; néanmoins, jusqu'au pied des collines que l'on aperçoit du fleuve, les cultures sont difficiles. Aussitôt que l'on gagne la chaîne de l'Imataca, on retrouve les terres fertiles. Là aussi les Espagnols s'étaient établis. Upata était le centre de leurs opérations, et ils avaient sur ces hauteurs des haciendas fort belles, dont il ne reste plus que des traces.

Les guerres civiles qui ont si cruellement éprouvé les États de Maturin, Barcelone, Guarico et Apure, les mesures prises par le gouvernement fédéral pour les douanes de l'Orénoque, et enfin les exploitations minières qui ont appelé à elles toute la population ouvrière, ont tout à fait détruit l'industrie agricole, qui florissait autrefois dans la Guyane vénézuélienne. Aujourd'hui Ciudad Bolivar ne vit plus absolument que des mines. Il n'est descendu en 1879, du haut de l'Orénoque, que 12,000 sacs de café, presque plus de tabac. Le bétail diminue tous les jours, et la colonie anglaise de Trinidad tire de la Plata une partie des animaux nécessaires à son alimentation. Quant au commerce des parties supérieures de l'Orénoque et du Rio Négro, il a été détourné par les agents commerciaux de l'Amazone.

Depuis quelques années, cependant, vient à Ciudad-Bolivar un produit appelé zarrapia, qui n'est autre chose que la noix ou fève du Tonka. La zarrapia se trouve en grande abondance sur les bords du Caura. Ce sont principalement des agents américains qui achètent ce produit. Il se trouverait également, dit-on, de la zarrapia sur les bords du Caroni dans ses parties supérieures, mais cette rivière, n'étant pas navigable, n'est pas exploitée.

Il se faisait autrefois un grand commerce d'huile de tortue dans le haut Orénoque. Bien qu'il y ait toujours grande abondance de ces animaux, cette industrie n'existe plus.

Ouvrir l'Orénoque à tous les pavillons serait le seul remède à employer pour relever l'état misérable dans lequel se trouvent ces contrées.

Les Anglais empiètent continuellement sur les terres de la Guyane vénézuélienne, et aujourd'hui ils sont sur les bords de la rive Cuyuni. Leur but évident est d'aller jusqu'à l'Orénoque et de s'emparer du fleuve et des terrains jusqu'au Caroni. Ils engloberaient de la sorte les mines de la Guyane anglaise.

Actuellement, une compagnie américaine, portant le pavillon vénézuélien, fait le service de l'Orénoque sur trois bateaux plats à vapeur : l'un d'eux, l'*Heroe de Abril*, entre Ciudad-Bolivar et Port d'Espagne, toute l'année; les deux autres, dans le haut du fleuve et l'Apure jusqu'à Nutrias, pendant une saison seulement. Ces bateaux étaient autrefois sur l'Hudson et sont assez bien aménagés.

Un vapeur, le *Tubalkaïn*, assez mal installé d'ailleurs, fait un service irrégulier entre Trinidad et Ciudad-Bolivar.

Toute la population et le commerce de la Guyane se trouvent aujourd'hui concentrés à Ciudad-Bolivar et dans le district du Caratal.

Guasipati, la capitale du département Roscio, appelé autrefois département Yuruari, est le centre du commerce du district minier. La population de ce district, où en 1876 l'on comptait 6,317 âmes, est aujourd'hui plus que doublée, mais elle est en partie flottante. Tous les vapeurs qui viennent de Trinidad apportent en outre des employés et explorateurs, des noirs des Antilles qui vont travailler aux mines. Ces derniers ne restent généralement au Caratal qu'une année à peine; aussitôt qu'ils ont gagné quelque argent, ils s'en retournent le manger chez eux. Il n'est pas rare de les voir de nouveau revenir aux mines au bout de quelque temps. Quelques Américains du Nord ont voulu s'adonner aux travaux des mines, mais ils n'ont pu en supporter les durs labeurs pour lesquels il faut absolument des noirs ou des Indiens.

Le port qui dessert Caratal se nomme le Puerto de Tablas; il est situé à 100 kilomètres environ de Ciudad-Bolivar. Par suite des exigences douanières de ce pays, les vapeurs passant devant Puerto de Tablas ne peuvent y déposer ni marchandises, ni voyageurs, il faut que tout remonte à Bolivar pour redescendre ensuite à Tablas. De même tout ce qui sort de ce dernier port à destination des Antilles on de l'Europe doit remonter à Ciudad-Bolivar, pour être autorisé à sortir de l'Orénoque. De pareilles exigences forment un très grand obstacle au développement du commerce.

Il n'existe à Puerto de Tablas aucune facilité pour le débarquement même des voyageurs. Un chemin non entretenu relie ce village aux mines. Les transports s'y font généralement à dos de mulet ou d'âne, les pièces lourdes des machines sont placées dans des charrettes traînées par des bœufs. Le transport du poids d'un quintal de Tablas aux mines coûte 32 et atteint quelquefois jusqu'à 50 francs.

Dans la saison pluvieuse, en raison du débordement des rivières, les communications deviennent parfois très difficiles.

Ces conditions ont fait souvent penser à la construction d'une voie ferrée reliant l'Orénoque au Caratal. Divers projets ont été présentés. L'un d'eux avait pour objet de relier Ciudad-Bolivar à Guisipati, avec un pont de bateaux sur le Caroni. Ce projet ne mérite aucune attention. On a aussi proposé une ligne allant des mines à Piacoa; mais, en ce dernier point, le fleuve a très peu de profondeur, et les bâtiments ne pourraient s'y aventurer. On n'a pas encore étudié la route, qui paraîtrait cependant la plus directe, des mines à la mer, en reliant par un tramway Guisipati à la rivière Imataca. Si le gouvernement fédéral venait à ouvrir l'Orénoque, en autorisant l'établissement d'une douane à son embouchure, il y aurait peut-être lieu d'étudier cette voie.

Il serait possible de relier par un tramway les mines au point appelé Guayana Viega. C'était là que les Espagnols avaient autrefois placé leur douane, et certainement on sera tôt ou tard obligé d'y revenir, les bâtiments pouvant entrer par les différentes embouchures. Il y a à Guayana Viega beaucoup d'eau et toute facilité pour le débarquement.

L'intérieur de la Guyane est tout à fait inconnu. On prétend qu'il y a des mines d'argent, entre autres une à Cairara, petite ville placée au point où l'Orénoque infléchit vers le sud et presque en face de l'Apure. Par sa position, elle commande non seulement tous les affluents de l'Apure, mais encore du haut Orénoque.

Parmi ces divers affluents, il faut en distinguer deux, l'Arauca et le Méta, navigables presque jusqu'au pied de la Cordillière de la Colombie. On dit que par le Méta on va jusqu'à la distance de trois jours de mule de Santa-Fé-de-Bogota. La route naturelle de cette ville ne serait donc pas la Magdelena, mais bien l'Orénoque et le Méta.

Les rapides d'Atures et de Maipures sont les obstacles de la navigation du haut Orénoque. Mais quelle est leur importance? On l'ignore encore. Avec une chaloupe à vapeur, en six ou sept jours, on peut se rendre de Ciudad-Bolivar au rapide de Atures.

En résumé, on trouve la zarrapia ou noix de Tonkin, ou même encore fève Tonka, aux rivières Caura et Cuchivero, entre San Borya et Carichana, à San Juan Népomuceno, au Rio Sanariapo, à San José de Maipures, enfin aux bords du Rio Vichada.

Le caoutchouc se rencontre depuis Maipures, en remontant l'Orénoque sur ses deux bords, au Rio Casiquiare, au Rio Catirico, et en grande quantité au Rio Siapa, à San Francesco Solano, sur les bords du Rio Négro, en descendant cette rivière jusqu'à San José de Maravitanos, qui est la limite du Vénézuéla.

Le copahu se rencontre au Rio Vintuari (en très grande quantité); la salsepareille, dans beaucoup de points du haut Orénoque et au Rio Négro; le quina (semblable à celui du Pérou et de la Bolivie), assure-t-on, aux Rios Aguo et Torno, tous les deux affluents du Rio Négro.

Le commerce, dans toutes ces contrées, se fait par échange. Les objets les plus estimés sont les articles de quincaillerie, également le sel, le tabac à chiquer (de Virginie), le savon, l'eau-de-vie de canne, le riz, les haricots, le beurre, etc.

Les produits qui viennent du Rio Négro par l'Orénoque sont portés sur des bateaux, auxquels les Indiens font passer les rapides après les avoir déchargés. La cargaison est portée par voie de terre et remise ensuite sur des bateaux qui vont jusqu'à Ciudad-Bolivar.

Les bateaux sont achetés en échange de marchandises, et coûtent généralement de 3,500 à 4,000 fr.; ils sont revendus à Ciudad-Bolivar. Il est certain que de grands bénéfices sont faits par le commerce du haut Orénoque.

CHAPITRE X

CULTURE DU CACAOTIER

La culture du cacaotier demande beaucoup de travail, et surtout du travail persévérant, chaque jour de l'année. C'est ce qui explique pourquoi, lorsque la main-d'œuvre a fait défaut au Vénézuéla, soit par suite de guerres, soit à cause de la suppression de l'esclavage, cette culture ne s'est plus développée, tout en se maintenant à cause de la grande valeur du cacao. Il faut ajouter que le cacao du Vénézuéla est le plus estimé de tous les cacaos et que les variétés les plus recherchées portent les noms de cacaos de Caracas, de Maracaïbo, de Guiria, de Caribe, de Carupano. Les prix sont très différents d'une sorte à l'autre : ainsi les ordinaires, selon les qualités, se vendent de 1 fr. 10 à 3 francs le kilogramme, les sortes extra atteignent parfois les prix de 3 fr. 50 à 4 francs le kilogramme. La qualité dépend à la fois du terrain et de l'arbre.

Le cacaotier était cultivé par les Mexicains avant la conquête, et on le trouve à l'état sylvestre dans les forêts chaudes et humides de l'Amérique méridionale. Mais les Indiens sauvages semblent ignorer le parti que l'on peut tirer de la graine ; ils mangent seulement la pulpe du fruit. Les Mexicains préparaient des tablettes analogues au chocolat; c'est chez eux que les Espagnols apprirent l'usage du cacao (*theobrama cacao*): ils le firent connaître en Europe, et ils introduisirent la culture du cacaotier au Vénézuéla.

« C'est, dit M. Boussingault qui a étudié les choses au Vénézuéla même, et que nous prendrons principalement pour guide dans tout ce chapitre, un fait connu des cultivateurs des régions tropicales, qu'il faut toujours établir une cacaoyère sur un terrain vierge; on n'a obtenu que des mécomptes toutes les fois qu'on a voulu remplacer d'anciennes cultures de cannes à sucre, de maïs, d'indigo, par le cacao. Cet arbre exige, pour réussir, une terre riche, humide et profonde, de la chaleur et de l'ombrage. Rien ne lui convient mieux qu'une forêt défrichée, et dont le sol légèrement incliné soit susceptible d'être irrigué: aussi toutes les plantations un peu importantes ont une physionomie commune; on les trouve toujours dans les régions les plus chaudes à une petite distance de la mer, ou bien près des torrents ou sur le bord des grands fleuves. Cette culture cesse d'être profitable dans les localités qui ne possèdent pas au moins une température moyenne de 24 degrés. J'ai eu l'occasion d'assister à des essais aussi infructueux que dispendieux, qui avaient été tentés dans le but d'établir une cacaoyère dans un défrichement où la chaleur du climat ne dépassait pas 22°8. Sous l'influence de cette température, l'arbre avait cependant acquis, en quelques années, une assez belle apparence ; il fleurissait, mais les fruits, toujours peu développés, parvenaient rarement à leur maturité. »

Lorsqu'un terrain a été jugé propre à la culture du cacaotier, on commence par établir un bon système d'ombrage. A cet effet, on laisse souvent subsister, lors du défrichement, des arbres très feuillus; dans le cas le plus général, on plante des essences ayant une croissance rapide. Dans les environs de Caracas, on ombrage avec le binare (*Erythrina umbrosa*); dans quelques plantations, on profite de l'ombre du bananier; ailleurs on a recours à ces deux modes d'ombrager. Il est des pays où l'on fait la plantation directe des fèves de cacao; au Vénézuéla, on préfère avec raison faire naître et élever le jeune plant dans des pépinières que l'on place en un terrain très fertile et bien préparé par des ameublissements convenables. On dispose à la surface du terrain une série de petites buttes coniques, hautes de 20 à 25 centimètres. Dans l'intérieur de ces buttes on dispose deux ou trois graines fraîchement extraites, de telle sorte qu'elles ne soient pas enterrées au-dessous du niveau du sol général de la pépinière. On recouvre enfin les semailles avec des feuilles de bananier. Pour faire le semis, on choisit l'époque à laquelle on attend les pluies, et si celles-ci tardent à arriver, on a soin d'arroser tous les matins avant le lever du soleil. Il faut huit ou dix jours pour que la germination s'opère. Dans un bon terrain, le jeune cacaotier atteint plus d'un mètre à l'âge de deux ans. Alors on l'écime en retranchant deux des branches supérieures, et on le transplante dans la place qu'il doit définitivement occuper. Dans quelques pays, on abrège la durée de l'élevage en pépinière, en choisissant un terrain bien ameubli, placé de telle sorte qu'on puisse l'abriter par des toitures faites en feuilles de palmier. On arrose une fois par semaine en versant de l'eau sur la toiture et, pendant tout le temps que le plant passe dans cette pépinière couverte, on ne lui donne que peu de lumière. On transplante au bout de six mois.

Pour disposer la cacaoyère à recevoir les jeunes

arbres, il faut nettoyer de toutes les mauvaises herbes le terrain déjà convenablement ombragé par les binares ou les bananiers. On établit des rigoles tant pour assainir le sol pendant la saison des pluies que pour faire des irrigations pendant les sécheresses. On plante en très longues allées en mettant entre les arbres une distance qui dépend de la nature du terrain; quand le sol est très fertile, on éloigne davantage, jusqu'à 5 mètres; dans les sols médiocres on rapproche jusqu'à 3 et même 2 mètres; cela tient à ce que, dans le premier cas, les branches s'étendront davantage et qu'elles occuperont moins d'espace dans le second. Une fois que le jeune plant est en place dans une cacaoyère, on s'oppose à ce qu'il devienne trop branchu, en élaguant au besoin; on s'oppose aussi à ce que les branches aient une tendance à se courber vers la terre, en les redressant et en les liant en faisceaux autour du tronc, jusqu'à ce qu'elles aient repris une direction ascendante. En outre, on remue le sol autour de l'arbre sur une surface ayant environ un mètre de rayon, en profitant de ce labour pour couper les racines chevelues qui poussent à la base du tronc. Dans les cacaoyères mal tenues, on voit souvent des racines en dehors du sol.

Le cacaoyer ne donne pas de fleurs avant l'âge de 30 mois; beaucoup de planteurs détruisent les premières fleurs pour ne laisser venir des fruits que dans la quatrième année. Cette fructification hâtive ne se produit que dans les bonnes situations, où la température moyenne est entre 27 et 28 degrés; si la situation est moins bonne, on n'a les premiers fruits que lorsque le cacaoyer a atteint 7 ou 8 ans. Les fleurs sont très petites; le diamètre d'un bouton en plein épanouissement est d'environ 4 millimètres seulement. Les fleurs se fixent principalement sur le tronc, et elles s'étendent rarement au delà de la moitié de la longueur des grosses branches. Il s'écoule à peu près quatre mois depuis la chute des fleurs jusqu'à la maturité du fruit. Le fruit est en forme de gousse allongée, sillonnée longitudinalement à l'extérieur, ayant 25 centimètres environ de longueur et 8 à 10 centimètres de plus grand diamètre, c'est-à-dire au point d'attache. La couleur de son épiderme varie du blanc verdâtre au rouge violet. A l'intérieur, la chair est blanche ou rosée ; la saveur en est sucrée, acide et très agréable. On reconnaît la maturité du fruit à sa couleur, et particulièrement à ce qu'il se détache facilement de l'arbre. Les graines sont logées dans la gousse au nombre à peu près constant de vingt-cinq ; ce sont des amandes blanches, huileuses et légèrement amères, qui prennent une teinte brune par la dessiccation. On fait généralement deux grandes récoltes par an, à six mois d'intervalle; mais dans les anciennes cacaoyères on cueille presque tous les jours, et il est fréquent de voir à la fois, sur le même arbre, des fleurs et des fruits.

On égrène les gousses en les brisant et en enlevant les graines avec un petit morceau de bois arrondi. On classe ces dernières selon la qualité, en rejetant celles qui ne sont pas assez mûres ou se trouvent plus ou moins gâtées, et on les expose au soleil. Le soir on les remet en tas sous des hangars; il se produit alors une fermentation très active avec un grand dégagement de chaleur qu'on ne doit pas laisser se continuer, puisqu'il nuirait beaucoup à la qualité; on continue la dessiccation le lendemain en exposant au soleil, et il faut plusieurs jours de ce travail rendu difficile lorsque les pluies surviennent. Par l'emploi d'étuves on pourrait certainement régulariser cette opération et obtenir, à coup sûr, de très beaux produits. En général, on obtient 45 à 50 kilogrammes de cacao sec et marchand pour 100 kilogr. d'amandes fraîches.

Le rendement annuel d'un cacaoyer est très variable, il peut aller de 500 grammes à 2 kilogrammes de cacao sec. Dans le Vénézuéla, le produit d'un arbre en bon terrain est, à partir de sept ans, et pendant quarante ans, de 750 grammes de cacao desséché, de telle sorte que les bonnes cultures de 560 arbres à l'hectare donnent un rendement annuel de 420 kilogrammes. On voit que le résultat pécuniaire doit être variable, selon la qualité, de 400 à 1300 et même 1500 francs par an, selon le prix qu'on obtient d'après la qualité. C'est une affaire de bonne direction. Il y aura, d'ailleurs, à s'occuper de l'utilisation des résidus de la préparation du cacao sec et marchand; il est presque inconcevable qu'on ne fasse rien de la pulpe sucrée des fruits après l'extraction des graines.

D'après le projet d'établissement agricole, exposé dans le chapitre VIII de ce travail, il n'a été supputé qu'une production de 10 fanegas de cacao pour 1,000 pieds de cacaotiers, soit 500 grammes seulement par arbre. On est donc resté, dans les appréciations du rendement, au-dessous des faits d'expérience.

On peut reconnaître qu'une fois une cacaoyère établie, les frais consistent en quelques labours, dans l'entretien des rigoles d'irrigation, dans les élagages, enfin dans la cueillette et la dessiccation du cacao. La pratique vénézuélienne prouve qu'un homme peut entretenir 1,000 arbres dans les deux premières années de la plantation, 2,000 arbres pendant les quatre années suivantes, et 4,000 arbres quand la cacaoyère est en pleine production.

Le compte simulé suivant, d'achat à Caracas et d'embarquement à La Guaira de 200 fanegas (10,000 kilogr.) de cacao pour Bordeaux, a été publié dans les documents de notre commerce extérieur :

100 fanegas (5,000 kilogr.) de cacao supérieur à 3 fr. 60 le kilogramme	18,000 fr.
100 fanegas de cacao inférieur à 1 fr. 12 c. le kilogr.	5,600
200 sacs vides à 2 fr. 50 c.	500
Mise en sacs, marquage, à 0,50 c.	100
Transport à La Guaira, à 1 fr. 15 c. le sac	230
Droits d'exportation à 3 fr. 70 par fanega	740
Embarquement à 0,25 c.	50
Commission 5 pour 100	1,371
Fret pour Bordeaux à 100 francs par tonne	200
Total	28,991 fr.

Le prix de revient, à Bordeaux, d'un kilogramme de valeur moyenne, est ainsi à 2 fr. 90.

Ce compte se rapporte à la qualité très belle et à la qualité très inférieure. Les prix intermédiaires sont aussi nombreux que les différents types compris entre les deux extrêmes. La provenance, la préparation de la fève et l'état dans lequel elle arrive sur le marché, sont les causes de l'écart des prix. S'arranger pour conquérir une bonne marque est le meilleur conseil qu'on puisse donner à une entreprise.

CHAPITRE XI

CULTURE DU CAFÉIER

La plus importante culture du Vénézuéla est celle du caféier, et nulle part cet arbre ne se développe mieux et plus rapidement en donnant des résultats meilleurs, quoiqu'il soit une importation d'Afrique en Amérique. L'usage du café (*Coffea arabica*), très ancien chez les Abyssins et très longtemps confiné en Orient, introduit en Europe au dix-huitième siècle seulement, est devenu tellement universel, que c'est désormais une denrée de consommation générale et de plus en plus commune. D'un autre côté, le caféier ne réussit bien que dans les localités où la température se maintient à peu près constante entre 22 et 26°, c'est-à-dire dans un nombre de points relativement assez restreints; il faut, en outre, des pluies ou de l'eau d'irrigation. Il n'est donc pas à craindre que le marché soit jamais encombré de la fève précieuse. Les circonstances sont d'autant plus favorables pour le Vénézuéla, que les zones remplissant les conditions de la végétation du caféier et de la production du café y sont très étendues et s'y rencontrent pour succéder immédiatement, à une altitude de 500 à 1,000 mètres, à la zone du cacaotier.

Rarement on sème le café en pépinière; on plante les graines en place après qu'on les a fait germer durant sept à huit jours, alors qu'elles sont encore enduites de pulpe, entre des feuilles de bananier. Dans un hectare de terrain de bonne qualité, c'est-à-dire assez riche et profond, on met 2500 arbres. L'arbre ne commence à donner des fleurs que deux ans après sa plantation; on arrête généralement sa croissance à une hauteur de $1^{m},50$ en l'écimant, afin de faciliter la cueillette des fruits; sans l'écimage il atteindrait une hauteur de 7 à 8 mètres. Pendant les deux premières années de la croissance, il faut avoir soin de tenir la terre exempte de mauvaises herbes et de supprimer tous les parasites de l'arbre.

Il faut qu'une plantation de caféiers reçoive des pluies fréquentes durant l'époque précédant la floraison; on peut y suppléer par des irrigations dans les localités où il est possible de se procurer de l'eau. Le fruit ne tarde pas à se former; il ressemble à une petite cerise; on juge de la maturité par la couleur rouge que prend son épiderme, par la mollesse et la saveur sucrée de sa pulpe. « La baie ou cerise du caféier, dit M. Boussingault, dans une communication faite le 18 octobre 1880 à l'Académie des sciences de Paris, a la grosseur d'une merise; à l'état de maturité elle est rouge; sa pulpe jaunâtre possède une saveur légèrement sucrée. Chaque fruit renferme deux coques ellipsoïdes, presque rondes, accolées par leurs faces aplaties et enveloppées de deux minces tuniques. L'épaisseur de la pulpe comprise entre l'épiderme et la noix est très faible; on en jugera par les dimensions prises sur une cerise à peu près ovoïde : grand axe, 15 à 16 millimètres; petit axe, 12. L'épaisseur de la couche charnue a varié de 2 à 3 millimètres. Dans les plantations du Vénézuéla, lorsque je les visitai, on dégageait les grains de café du fruit en désagrégeant la pulpe. A cet effet, les fruits étaient étendus sur une aire légèrement inclinée. La fermentation avait lieu presque immédiatement en répandant une odeur vineuse. Le suc fermenté s'écoulait ou se desséchait. Après quelques jours d'insolation, les fruits secs étaient soumis à deux triturations, la première pour obtenir le grain, la seconde à l'effet d'en briser l'enveloppe coriace pour le décortiquer. Dans mes notes, je lis que l'hectolitre de cerises rend de 35 à 40 kilogrammes de café marchand. » On agit encore autrement pour séparer le café : on fait passer les fruits dans un moulin à cylindre, et on laisse les graines tremper dans l'eau durant vingt-quatre heures pour les débarrasser de la matière mucilagineuse adhérente ; on les fait ensuite sécher. Dans ces procédés on perd la pulpe si sucrée qui enveloppait les grains de café. De Humboldt, au commencement de ce siècle, s'étonnait qu'on ne l'utilisât pas pour en faire de l'alcool ; M. Boussingault, en constatant sa richesse en sucre, vient de nouveau d'appeler l'attention sur le parti qu'on en pourrait tirer.

Le caféier commence à fournir un produit assez important dans sa troisième année ; il donne des fruits jusqu'à l'âge de quarante à quarante-cinq ans, et en plus ou moins grande quantité selon la nature du terrain, et les soins dont la plantation est l'objet. Certains arbres rendent de 8 à 10 kilogrammes de graines sèches, mais on admet dans le Vénézuéla que le produit moyen annuel est de 890 grammes par pied de caféier, c'est-à-dire de 2225 kilogrammes pour 2500 pieds ou par hectare. En argent, le produit brut serait de 3250 francs, en supposant une qualité simplement ordinaire.

On admet que pendant les deux premières années d'une plantation de caféiers, il faut deux hommes par hectare pour effectuer tous les travaux, mais que plus tard un homme suffit, et que même trois hommes peuvent parfaitement faire l'entretien et la récolte de deux hectares.

Dans le projet d'établissement agricole décrit au chapitre VIII, on a supposé que le produit annuel d'un caféier n'était que de 333 grammes. On est donc resté, dans les évaluations, très au-dessous des données expérimentales.

Voici maintenant d'intéressants détails donnés par les annales du commerce extérieur :

« Les cafés du Vénézuéla, dont la faveur va croissant à mesure qu'ils sont plus connus, se divisent en deux grandes classes : les *trillados* et les *descerezados*, dont l'enveloppe ou cerise est enlevée par une machine, et la fève jetée dans un bassin est lavée; les premiers sont connus en France sous les noms de cafés *trillados* ou non lavés; les seconds sont désignés sous les dénominations de cafés *lavés*, *verts* ou *gragés*. Chacune de ces deux classes se subdivise en un grand nombre de types d'après la forme, la couleur ou la grosseur de la fève, et aussi d'après les lieux de la production (terre froide ou terre chaude). Il y a toujours entre toutes les variétés une différence de prix en faveur des lavés. »

Le compte simulé suivant pour un achat fait à Caracas indique, avec les prix du café lavé et du café non lavé, les frais de toutes sortes qui incombent à l'exportateur :

100 sacs de 50 kilogr. de café gragé ou 5,000 kilogr. à 1 fr. 41 le kilogr.	7,050 fr.
100 sacs de 50 kilogr. de café trillado ou 5,000 kilogr. à 1 fr. 10 c. le kilogr.	5,500
200 sacs vides à 2 francs	400
Mise en sacs et marquage à 0,40 c.	80
A reporter	13,030

Report............	13,030
Transport à la Guaira à 1 fr. 15 c. par sac............	230
Droit d'exportation à 0,55 c. par 100 kilogr............	550
Transport au quai........	55
Embarquement................................	55
Commission....................................	696
Fret..	800
Total à Bordeaux....................	15,416 fr.

Le prix de revient du kilogramme mélangé serait donc de 1 fr. 54 dans ces conditions, les droits d'entrée en France non compris. Il varie suivant la qualité; il y a toujours un écart de 0 fr. 80 c. entre les cafés gragés ou trillados et les inférieurs.

CHAPITRE XII

CULTURE DU TABAC

Tandis que les cultures du cacaoyer et du caféier ne peuvent donner des produits qu'au bout de quelques années, la culture du tabac peut fournir des résultats considérables dès la première année. Dans les vallées décrites au chapitre VIII, elle trouvera des conditions très avantageuses, pourvu qu'on fasse tous les frais qu'elle exige pour être fructueuse. D'abord nous pouvons affirmer la bonté du tabac du Vénézuéla que nous avons rencontré plusieurs fois, soit comme membre du jury des Expositions universelles de Londres et de Paris, soit dans les manufactures de l'État. Voici ensuite une appréciation des annales du commerce extérieur :

« La consommation locale absorbe aujourd'hui la presque totalité de la production du pays ; avant 1859, l'Allemagne recevait du Vénézuéla une assez grande quantité de tabac en feuilles, qu'elle lui renvoyait convertie en cigares ; mais les droits exorbitants qui, depuis cette époque, grèvent à l'entrée les cigares, ont tué ce commerce, au grand détriment de cette branche de l'agriculture qu'on voulait protéger. Les cigares seuls de la Havane, d'une bonne qualité, peuvent supporter cette taxe ; mais c'est un objet de luxe qui ne compte que peu d'acheteurs au Vénézuéla.

« Les provinces vénézuéliennes de Barina, Cumana, Maturin, Guayana et d'autres encore, sont admirablement propres à la culture du tabac ; certains types qu'elles produisent rivaliseraient, assure-t-on, avec les meilleurs de Cuba, s'ils recevaient les soins intelligents qu'on leur donne en cette île. Aussi, tôt ou tard, la culture du tabac doit se développer. »

Le tabac est originaire des Antilles, d'où il a été importé au Vénézuela, contrée présentant des conditions analogues à celles où la plante a toujours prospéré. On sait quel progrès son usage a fait depuis sa découverte par les Européens, c'est-à-dire depuis trois siècles et demi environ ; on peut dire justement qu'il a fait la conquête des mœurs du monde entier. On peut le cultiver sous un grand nombre de latitudes. Mais, nulle part, on n'a pu encore récolter des qualités semblables à celles obtenues à La Havane, où il paraît exister des crus spéciaux, comme il existe en Bourgogne et dans le Bordelais des crus pour les vins de haute valeur. Ce qu'il faut chercher dans une terre et sous un climat exceptionnels, ce sont des récoltes qu'on ne peut pas se procurer ailleurs. Le but à atteindre, en instituant une culture de tabac, doit être de faire des produits qui, par leurs qualités spéciales, se recommandent au monde entier, et dont les prix, par conséquent, seraient très élevés et richement rémunérateurs. Avec les mêmes semences qu'à la Havane, avec un sol riche, bien ameubli, avec des soins attentifs, au besoin des arrosages, on pourra arriver à des résultats remarquables, surtout si l'on a pour soi la chaleur et la lumière qui développent les aromes dans les feuilles, c'est-à-dire dans la seule partie de cette plante que l'on utilise.

Tout d'abord, dans une bonne pépinière, au sol

bien ameubli et très riche, on doit faire le semis et préparer le jeune plant qui sera transplanté plus tard. Il faut bien nettoyer le terrain définitif, y maintenir la fraîcheur nécessaire, puis, quand la jeune plante est en place, continuer à la protéger contre les plantes adventices. Elle ne tarde pas à se développer. Alors on doit s'occuper à enlever les feuilles qui se flétrissent, celles près de terre surtout; il ne faut laisser qu'un nombre de feuilles restreint, afin qu'elles ne se gênent pas mutuellement dans leur développement. On doit enfin écimer, quand apparaît le bouquet terminal, pour accumuler dans les feuilles toute l'action de la sève. On sait que la semence du tabac est très petite, puisqu'un centimètre cube en contient plus de 6,000 grains : aussi doit-on, pour que le semis réussisse, le faire dans une planche bien préparée, n'ayant qu'un mètre de largeur sur une longueur proportionnée à la plantation future, en s'arrangeant pour que chaque mètre carré ait environ 1,000 plants. On arrose, on éclaircit, on sarcle, on nettoie, jusqu'à ce que le plant présente des feuilles ayant 10 centimètres de longueur. Alors on procède à la transplantation qu'on fait en lignes toujours parallèles, en mettant depuis 6,000 jusqu'à 55,000 plants par hectare, selon la variété cultivée, la destination du produit, la fertilité du sol. On peut cultiver indéfiniment le tabac sur le même terrain, pourvu qu'on lui fournisse des engrais azotés et minéraux en quantité suffisante, et qu'il ne se trouve pas dans la plantation un nombre trop considérable d'ennemis du tabac, animaux ou végétaux parasites; alors on est obligé de changer la plantation de place. On doit, dans tous les cas, placer ces plantes en lignes non équidistantes, deux lignes étant plus rapprochées, et laissant ensuite une sorte de sentier avant le second couple de deux autres lignes, pour que le cultivateur ait assez d'espace libre pour exécuter avec facilité ses nombreux travaux. Les plants sont aussi alternatifs, de manière à ne pas se présenter deux de front.

A partir du jour où l'on a fait l'écimage, il part du pied ou de l'aisselle des feuilles un grand nombre de bourgeons avec un grande énergie; il faut les enlever constamment pour éviter la déperdition des principes utiles qui ne se rendraient pas dans les feuilles qu'on veut récolter. Celles-ci, d'ailleurs, ne tardent pas à arriver à maturité, ce dont on s'aperçoit parce qu'elles se boursouflent et que leurs extrémités se dessèchent. Il faut alors procéder à la récolte, ce que l'on fait soit en coupant les tiges, soit en enlevant seulement les feuilles. Immédiatement après la récolte on doit procéder à la dessiccation qu'il importe de faire lentement, par l'emploi de bons séchoirs qui rendent le cultivateur maître de l'opération, et lui permettent de bien distinguer les qualités des feuilles qu'il sépare en plusieurs qualités pour en faire des Manoques. La maturité arrive en 90 ou 100 jours; il faut 5 ou 6 semaines pour une dessiccation bien conduite.

Les plantations de tabac occupent à Cuba de petites vallées sillonnées par des cours d'eau, dans la partie montagneuse nord-ouest de l'île; on les établit en novembre, aussitôt après les saisons des pluies, dans un sol très léger, très meuble et profond. Quand les feuilles ont atteint le développement superficiel qu'on désire, on fait une première récolte en coupant chaque tige en plusieurs tronçons, de telle sorte que deux feuilles opposées soient toujours reliées par l'un d'eux. Une seconde tige pousse bientôt pour fournir une deuxième récolte qui, à son tour, est suivie d'un regain. La première récolte donne les capes ou robes de cigares; la deuxième et la troisième fournissent l'intérieur ou ce qu'on appelle les tripes.

Il importe d'ailleurs de constater que, pour que le tabac à fumer soit doué de la combustibilité nécessaire, il doit renfermer des sels organiques à base de potasse, et que par conséquent le terrain mis en culture de tabac doit être riche en potasse ou en avoir reçu une dose suffisante comme engrais. Cela étant posé, le meilleur conseil que l'on puisse donner pour le perfectionnement de la culture du tabac au Vénézuéla, qui réunit toutes les conditions d'une production excellente, c'est l'introduction dans le pays de cultivateurs ou d'ouvriers Cubains habitués au travail du tabac, comme culture et comme industrie commerciale.

Après la constatation de ces faits, il sera d'un grand intérêt d'avoir sous les yeux les observations consignées par M. Delort dans des notes qu'il nous a remises, et qu'il avait écrites en décembre 1879. Nous les reproduisons à peu près textuellement.

« Le tabac est le principal article de commerce de Cumana et de Maturin, et c'est en même temps la culture la plus générale à l'intérieur de Cumana et dans l'État de Maturin, principalement à Aragua.

« Le tabac, malgré l'excellence de certains terrains, n'est pas assez soigneusement cultivé; en général, on n'observe pas strictement les règles établies pour ce genre de culture, qui exige beaucoup de soins et d'attention. . . . .

« Chaque campagnard d'une localité s'occupe de la culture du tabac pour son propre compte et ne peut que dans certains moments et avec difficulté donner son concours à celui qui voudrait faire une grande semaille; il en résulte que ni les uns ni les autres ne parviennent à créer une plantation importante, faute de bras. Pour la même raison tous les détails de l'exploitation de la culture du tabac se trouvent dans un état de très grande négligence. Les séchoirs, dont la bonne condition est si indispensable, sont la plupart du temps de très mauvaises baraques où la feuille perd fréquemment sa qualité. Il arrive souvent, surtout à Cumana, que les planteurs poussent la négligence au point de préparer le tabac pour le transporter sur les places de vente, avant le terme voulu et nécessaire, qu'exige cette plante, pour qu'on puisse en faire un bon usage. Aux époques de récolte, les cultivateurs se font aider dans leurs travaux par leur famille, et ce n'est que de temps à autre qu'ils trouvent moyen de gagner leur journée en travaillant dans les champs voisins. Tous ces détails donnent une idée de la difficulté que l'on rencontre à trouver la main-d'œuvre dans des moments donnés, et expliquent en même temps la raison pour laquelle, faute de bras, beaucoup de planteurs perdent une partie de leurs récoltes, et comment il se fait que celle qu'ils parviennent à ramasser est mal conditionnée au détriment des bénéfices qu'ils devraient obtenir !

« Les trois classes de tabac cultivées dans le pays sont produites par la même plante. La première se nomme *Principal*, la seconde *Media-Mata*, et la troisième *Retoño*.

« Le *Retoño* sert à la fabrication du menu tabac.

« Le *Media-Mata* est en usage pour l'enveloppe du bourron.

« Le *Principal* est employé pour l'enveloppe extérieure du cigare.

« Les conditions de ces trois qualités doivent répondre à l'usage qu'on en fait ; le *principal* surtout, soit la *capa*, doit être une feuille saine, propre à donner au cigare une belle apparence. Malheureusement, dans un but de lucre mal entendu, ces trois classes si différentes sont presque toujours mêlées les unes aux autres, ce qui oblige les acheteurs à ouvrir les ballots, ou *pacas* de tabac, pour les examiner, et à bien les feuiller, afin de ne pas être trompés. Lorsque le tabac est disposé de la sorte, l'acheteur est obligé de faire des classifications le plus souvent nuisibles aux intérêts du vendeur. Cette mauvaise foi commerciale a notablement déprécié le prix du tabac. Si l'on y joint les frais excessifs du transport, on comprend les causes qui empêchent le perfectionnement de cette branche de culture, et pourquoi elle reste dans un état complètement stationnaire.

« Les semences que l'on emploie sont toujours les mêmes, mais elles produisent des tabacs de différentes qualités, selon les terrains qu'on choisit. Les essais faits avec les graines de la Havane n'ont pas eu de bons résultats, mais cela tient à ce que nulle part on ne s'est donné la peine de faire la moindre préparation du terrain nécessaire pour mettre dans des conditions favorables la culture des tabacs de qualité supérieure.

« Les semailles commencent au mois d'août et durent jusqu'en novembre et même décembre, selon les localités. La récolte a lieu cinq mois après; à Aragua, elle est plus précoce, et c'est généralement de là que viennent les meilleurs tabacs.

« Le prix d'une journée de travail est de 1 fr. 50 pour l'homme, de 1 fr. pour la femme et de 0 fr. 75 pour un enfant. On transporte le tabac en ballots de 25 à 30 kilogrammes, enveloppés dans des feuilles de l'écorce de l'arbre du platane ou du bananier que l'on soutient au moyen de cordes de mayagua.

« Le tabac est cultivé surtout dans les vastes vallées de Cumanacoa et sur les hauteurs de celles de San Antonio, ainsi que sur des coteaux dans les territoires de Caripe, de Guanaguana, Mundo-Nuevo et Aragua.

« Le tabac d'Aragua est préféré à tous les autres à cause de sa feuille qui est très grande et de belle couleur. Ce tabac est bon pour la fabrication des cigares ordinaires. Les endroits réputés les meilleurs sont : San Juanillo à Cumanacoa, San Antonio, Guanaguana et Mundo-Nuevo. Caripe est l'endroit où, sur les versants de la montagne de Guacharo, vient le fameux tabac Guacharo qui est sans conteste réputé aussi bon que le tabac de la Havane ; ce tabac Guacharo se vendait autrefois à des prix élevés. Agua-blanca, dans les terrains de Guanaguana, la Soma de la Virgen, sont des localités favorables à la culture du tabac et du café, ainsi que les endroits suivants : San Antonio, San Juanillo (district de Cumana), Guanaguana, Caripe et Mundo-Nuevo. Tous ces terrains se trouvent à des distances de 67 à 200 kilomètres les uns des autres. Les altitudes de ces endroits ne sont pas connues exactement, mais on peut se faire une idée de la hauteur approximative des terrains où le tabac est cultivé, par quelques altitudes connues, comme celle de Cumanacoa, qui est de 211 mètres, celle de Caripe de 202 mètres, et celle d'Aragua de 296 mètres.

« La position de la vallée de Caripe (État de Maturin) est exceptionnelle, elle se prêterait beaucoup à l'installation d'une grande émigration européenne. Ses divers et excellents climats, ses vastes forêts, ses terrains propres à la culture du tabac et du café, de plus sa proximité avec la côte San Juan où peuvent aborder des goëlettes, rendent cet endroit fertile digne d'une exploitation sérieuse et importante.

« Sur la surface d'un hectare, à des distances de 1 m. 50, on peut placer 6,500 pieds de tabac. On en met quelquefois le double pour avoir plus de profit et moins de travail, mais ce système est totalement contraire aux règles prescrites pour ce genre de culture. Cinq plantes sèches peuvent donner 500 grammes, ce qui ferait 650 kilogrammes par hectare.

« Ce calcul correspond à des feuilles de 25 à 30 centimètres, mais la quantité du tabac récolté sera plus grande, si on laisse pousser les feuilles jusqu'à 40 centimètres. Avant la semaille du tabac, on profite du terrain pour y planter du maïs, qui doit être récolté avant de commencer les travaux de la culture du tabac.

« Les tabacs de Cumana et Maturin se consomment exclusivement dans le pays et s'exportent dans tous les ports du Vénézuéla. A des époques où les prix ont baissé considérablement, on a essayé de faire des envois en Allemagne, mais les résultats ne furent pas très brillants, à cause de la mauvaise condition de la marchandise exportée. Il y a à peu près quatre ans qu'on n'en exporte plus. Le prix normal est de 24 francs le Retoño, de 28 francs le Media-Mata et de 18 à 50 francs le Principal, pour les 16 kilogr. Le produit des deux États est à peu près de 800,000 kilogrammes.

« La principale et la plus importante industrie à Cumana est certainement la fabrication du cigare. Cette fabrication donne les moyens de subsistance à la partie pauvre de cette ville, de sorte que presque toute la population s'en occupe. Néanmoins, à côté de cette industrie, il en reste d'autres qui ne peuvent être considérées que comme secondaires, notamment la fabrication de l'huile de coco et la confection du savon blanc d'une qualité inférieure. Ces produits se fabriquent suivant les systèmes connus et employés en France.

« Les meilleurs cigares de Cumana valent de 4 à 8 francs le cent. La qualité en est mauvaise. Les connaisseurs préfèrent le tabac de Capadare (État de

Falcon) et naturellement celui de la Havane. Cela provient uniquement de la mauvaise préparation du tabac ; le cigare a beau avoir une bonne façon et être bien confectionné, il garde toujours un goût amer et piquant. Comme on ne sépare pas suffisamment les trois classes de feuilles qui entrent dans la fabrication du cigare, en mêlant les bonnes feuilles aromatiques avec les mauvaises, on n'obtient pas de bons résultats. Autrefois, lorsque cette industrie était mieux organisée, on vendait à Caracas des cigares dits Guacharos, dont il est question plus haut, à 20 francs le cent. Aujourd'hui, lorsqu'on se procure même de bonnes qualités de tabac, et qu'on soigne bien la confection du cigare, on ne parvient pas à vendre le cent au-dessus de 16 francs. Il en résulte que la qualité des cigares que produit aujourd'hui Cumana est ordinaire. Il est certain que, si cette industrie subissait les modifications dont elle a besoin, on pourrait arriver à confectionner d'excellents cigares, pouvant faire concurrence à ceux de la Havane, qui se vendent au Vénézuéla à 80 francs le cent. La qualité dite ordinaire est mal confectionnée ; la façon du cigare est trop grossière. Néanmoins, on les exporte par millions à La Guaira, Puerto Cabello, et dans tous les ports de la République. On les obtient à raison de 10 francs le mille à Cumana. Ils sont expédiés en caisses de 6,500. Ces mêmes cigares autrefois étaient mieux faits et se vendaient à 16 francs le mille. La concurrence des nombreuses fabriques qui augmentent journellement a contribué à l'avilissement des prix, et indirectement a eu une influence défavorable sur la qualité du cigare ordinaire. Ce fait peut paraître contraire au résultat que produit ordinairement la concurrence, mais on le constate quelquefois accidentellement ; au lieu de contribuer au perfectionnement du produit, la concurrence à servi uniquement à faire rechercher le moyen de rendre inférieure la qualité du cigare pour pouvoir le livrer à un prix plus cher. Ces mauvais produits à des prix très bas finissent par établir un cours général de l'article et mettent tout le monde dans la nécessité de suivre le mauvais exemple. L'affaire du tabac est très intéressante et importante dans ces pays ; il est plus que certain qu'en l'exploitant sur une grande échelle, et en introduisant les réformes nécessaires pour donner aux produits exportés une haute réputation, on créerait une entreprise qui donnerait de brillants résultats, difficiles à obtenir dans toute autre spéculation. »

Il est bien entendu qu'en même temps que de bons procédés de culture et de préparation des feuilles, on devrait s'occuper d'avoir de bons procédés de fabrication, et que l'on devrait disposer des capitaux suffisants pour permettre de laisser suffisamment vieillir les cigares. Quand on réfléchit que le prix du kilogramme de tabac peut varier de 50 centimes à 100 fr. et plus, on comprend qu'il y a lieu de ne négliger aucun détail, si l'on veut réussir. Il faut se souvenir que l'île de Tabago où le tabac a été découvert est précisément en face des côtes du Vénézuéla, et que la côte de Naiguata au cap Codera se trouve regarder Cumana et Maturin.

CHAPITRE XIII

CULTURE DE LA CANNE A SUCRE

La canne à sucre, dit M. Boussingault[1], connue en Chine dès la plus haute antiquité, cultivée ensuite par les Arabes qui l'introduisirent en Égypte, puis en Sicile et dans le midi de l'Espagne, a été transportée à Madère en 1420. Saint-Domingue la reçut des Canaries en 1513; de là elle passa successivement à Cuba et au Mexique vers 1535. Sa culture ne fut établie sur le littoral du Vénézuéla et dans les vallées d'Aragua que vers la fin du treizième siècle. La variété dite canne d'Otahïti, originaire des îles de la mer du Sud, est maintenant celle que l'on plante le plus généralement comme la plus productive; elle a pénétré en Amérique depuis les voyages de Bougainville[2]. On plante généralement trois variétés de cannes à sucre (*Arundo Saccharum*), la canne créole, la canne de Batavia, la canne d'Otahïti; c'est cette dernière qui donne les meilleurs résultats. Elle est particulièrement propre à tout le littoral du Vénézuéla.

1. *Mémoires d'Agronomie et de Chimie agricole*, t. III.
2. Alphonse de Candolle, *Géographie botanique*, t. II; de Humboldt, *Voyage aux régions équinoxiales*, t. V.

D'après Codazzi[1], au niveau de la mer, dans les sites où la température moyenne est de 27°3, elle mûrit en 11 mois; si la température moyenne est de 25°6. la culture dure 12 mois; si elle est de 23°2, il faut 14 mois, et il lui faut 16 mois, si la température est de 19°2. Il résulte de ces chiffres que du niveau de la mer jusqu'à l'altitude de 500 mètres, et même à 1,000 mètres, mais surtout dans la première zone, il y a une foule d'endroits admirablement disposés dans le Vénézuéla pour la culture de la canne à sucre. Comment se fait-il donc que l'industrie sucrière n'y soit pas très prospère, qu'elle ne se soutienne que grâce à des droits considérables sur l'importation, que le sucre et l'eau-de-vie de canne y aient une valeur élevée (60 à 80 francs les 100 kilogr. de sucre brut, 135 francs le sucre blanchi, 325 francs l'hectolitre d'eau-de-vie)? C'est que la culture y est mal faite, sans engrais, et que les procédés de fabrication du sucre et de l'alcool y sont demeurés stationnaires et dans l'enfance. Dans de telles conditions, et alors que les progrès de l'industrie et de l'agriculture ont été ailleurs considérables, il est impossible de pouvoir soutenir la concurrence étrangère et de produire à bas prix.

Pour assurer le succès et sa permanence, il faut choisir dans les vallées un terrain profond, fertile et où l'on puisse faire des irrigations; on devra en outre se résoudre hardiment à importer des engrais riches en matières azotées et phosphatées. La canne à sucre se plante par boutures. On trouvera sur les terres elles-mêmes des propriétés décrites au chapitre VIII, les plants nécessaires, mais il faudra choisir les meilleurs parmi ceux qu'une mauvaise culture n'aura pas laissé dégénérer et appartenant à l'espèce

1. *Resumen de la Geografia de Venezuela.*

d'Otahïti. Une mesure de la plus grande utilité consistera, comme pour la culture du tabac, à amener au moins une famille ayant travaillé sur les plantations de Cuba.

Les principes de la culture sont d'ailleurs simples. « On prend des morceaux de tige, dit M. Boussingault, d'environ un demi-mètre de longueur, portant plusieurs boutons (ajos); on en couche deux ou trois de 15 à 18 centimètres de profondeur, de 8 à 10 centimètres de largeur, et on les recouvre avec une terre meuble et humide. Il faut de quinze à vingt jours pour que les jets se montrent hors du sol. L'espace qu'il convient de laisser entre chaque plant dépend beaucoup de la fertilité du terrain. Dans les sols les plus propices, la distance des lignes est d'environ un mètre; et sur la longueur de ces lignes, les pieds sont espacés d'un demi-mètre. Quand les terres n'ont pas une grande valeur pécuniaire, on trouve qu'il est plus avantageux de laisser un plus grand espace entre les cannes, de manière à favoriser l'accès de l'air et de la lumière. Ainsi, il n'est pas rare de voir des cultures où les plantes sont séparées par une distance de 1m,50. L'époque à laquelle on enterre les boutures ne saurait être indiquée d'une manière générale. On choisit toujours le temps où, d'après l'expérience, on prévoit l'arrivée prochaine des pluies. Aussi, dans les localités où l'irrigation est possible, il n'y a pas d'époques fixes pour la plantation : on l'exécute dans tous les mois de l'année. » Dans les grandes exploitations bien conduites, on divise les champs de cannes en carrés de 80 à 100 mètres de côté, de manière que, ces carrés se récoltant à des époques diverses, on puisse établir un roulement de culture tel que la fabrication du sucre se fasse d'une façon continue, grand avantage sur les fabrications de sucre de l'Europe. L'emplacement pour recevoir les boutures se creuse généralement à la houe, et un ouvrier peut faire dans sa journée 60 ou 80 trous; quand le sol a été labouré, ce que l'on devra faire, ce travail peut être plus que doublé. Les terres meubles, riches, ayant une certaine humidité, sont celles où la canne réussit le mieux; elle souffre dans les terres compactes, argileuses, qui ne s'égouttent que difficilement. Dans les terres humides, on plante les boutures non pas horizontalement, mais sous une certaine inclinaison, en s'arrangeant de telle sorte qu'une des extrémités de la tige sorte de terre de plusieurs centimètres. Dans tous les cas, l'arrosage devient nécessaire quand les pousses se sont garnies de feuilles étroites et opposées. On fait ensuite des sarclages jusqu'à ce que la plante soit assez développée pour étouffer les herbes nuisibles, et on butte à chaque sarclage. Vers le neuvième mois après la plantation, les feuilles commencent à tomber, les inférieures d'abord, de telle sorte qu'au moment de la maturité, soit le onzième mois, il ne reste plus qu'un bouquet de feuilles terminales. La canne a atteint près de 4 mètres de hauteur, quelquefois plus. On n'attend pas généralement la floraison pour couper; cette opération se fait très près de la racine. Des rejetons ne tardent pas à surgir et à donner de nouvelles tiges. On entretiendra la plantation par de simples sarclages, et on la fera durer avec succès au moins cinq ou six ans.

Lorsque la canne est débarrassée de son bouquet de feuilles, qui constituent une bonne nourriture pour le bétail, on extrait le sucre. On sait qu'on a recours à des moyens puissants, et que le jus est soumis à des opérations d'évaporation très simples, ou encore à un clairçage élémentaire qui donne tout de suite des résultats pour fournir le papelon, ou bien le sucre blanc en pain et de la mélasse qui se sépare facilement. On devra introduire des appareils perfectionnés. Au lieu de moulins qui écrasent la canne, on pourra certainement avoir recours à des machines qui la découpent en rondelles, pour appliquer les procédés de la diffusion permettant l'extraction de la totalité du sucre, et on arrivera à doubler le rendement. Il est déplorable de n'extraire que 7 à 8 pour 100 de sucre, alors que la canne en contient 18 pour 100. D'après Codazzi, on n'obtient que 1875 kilogrammes de sucre blanc par hectare, dans la province de Caracas. Par des procédés perfectionnés, sans augmenter les frais, on pourra obtenir 4000 kilogrammes et plus.

On devra aussi établir des appareils de distillation perfectionnés pour la fabrication de l'alcool, qui est une annexe nécessaire et complémentaire de toute fabrique de sucre, de toute plantation de canne à sucre.

CHAPITRE XIV

CULTURE DU COTONNIER

Pendant la guerre de la Sécession qui a déchiré les États-Unis d'Amérique, la production du coton reçut une impulsion extraordinaire au Vénézuéla. Jusqu'en 1860, l'exportation ne dépassait pas 400,000 kilogrammes estimés 400,000 francs; elle s'est élevée, en 1865, à 2,500,000 kilogrammes d'une valeur de 10 millions de francs, et, en 1866, à 3,800,000 kilogrammes valant plus de 8 millions de francs. Les choses ont bien changé depuis que la paix intérieure règne dans les États-Unis d'Amérique; la culture du cotonnier au Vénézuéla a été délaissée à cause de la baisse énorme des cours. On estime maintenant qu'au prix de 86 centimes le kilogramme emballé, eu égard aux frais de culture, surtout aux frais de transport que rend si considérables le mauvais état des chemins, il n'y a guère lieu de pousser à la culture du Gossypium. Il est certain que, si l'on compare les résultats à attendre aujourd'hui des diverses cultures productives dans la République Vénézuélienne, on ne saurait donner l'avantage à la production du coton. Il est difficile d'établir des prix de revient qui s'appliquent à toutes les situations, mais on peut en faire de comparatifs qui ont alors une véritable signification; tels sont les trois suivants, ils ont été calculés par notre fils Léon Barral qui, durant ses voyages dans l'Amérique du Sud, a vérifié une partie des faits que nous avançons dans ce travail, et qui a vu de près toutes les cultures dont nous discutons les avantages relatifs.

CULTURE DU CAFÉ, SUR UN HECTARE DE TERRE AU VÉNÉZUÉLA.

Location............	10 fr.	2,500 kilogr. de café, à 1 fr. 40 c. le kilogr.	3,500 fr.
Intérêt à 5 pour 100 pour frais de plantation..............	50	A déduire, dépense.	2,260
Entretien et récolte...	2,200	Bénéfice.........	1,240
Dépense totale....	2,260 fr.	Bénéfice par hectare..	1,240 fr.

CULTURE DU CACAO, SUR UN HECTARE DE TERRE AU VÉNÉZUÉLA.

Location............	10	Produit 600 kilog. de cacao à 2 francs environ...............	1,200
Intérêt à 5 p. 100 pour frais de plantation..	50	Dépenses à déduire.	460
Entretien et récolte. (Un homme entretient 4 hect. plantés en cacaoyers)......	400	Bénéfice...... ..	740 fr.
Dépense totale...	460 fr.	Bénéfice par hectare..	740 fr.

CULTURE DU COTON, SUR UN HECTARE DE TERRE AU VÉNÉZUÉLA.

Location............	10 fr.	Produit 625 kilogrammes à 86 centimes.	537.50
Labour 10 journées de mules............	50	Dépenses à déduire.	220.00
Semences, 140 litres de graines.........	30	Bénéfice par hectare..	317.50
Binage et sarclage....	22		
Frais de récolte.......	12		
Séparation des grains..	81		
Entretien du matériel.	15		
Dépenses totales.	220 fr.		

Il faut encore tenir compte des frais de transport impossibles à déterminer d'une manière générale.

Il y a lieu de remarquer que les résultats de ces calculs sont plutôt trop favorables au coton, et inférieurs à la vérité en ce qui concerne le café et surtout le cacao, du moins dans les bonnes cultures et sous une bonne administration. Toutefois n'est-il pas assez étrange que le Vénézuéla, qui peut produire le coton, encore avec bénéfice, à aussi bon marché au moins que tout autre pays, achète tous ses fils, toutes ses cotonnades à l'étranger. Il serait incontestablement avantageux de créér une filature et un tissage pour fabriquer dans la République même une grande partie des fils et des tissus qu'elle fait venir d'Europe, surtout ceux qui sont les plus demandés par la consommation.

Le cotonnier, au Vénézuéla, produit au bout de six mois; dans quelques localités on le coupe au bout de l'année, dans d'autres on le laisse deux ou trois ans. Il faut 325 livres espagnoles (149 k. 5) de coton non épluché et coûtant 40 francs, pour produire 100 livres (46 kilogr.) de coton nettoyé. On obtient une balle de coton de 150 livres (69 kilogr.) avec 487 livres (224 kilogr.) de coton en graines coûtant 60 francs. La main-d'œuvre d'épluchage et de mise en balle est de 9 francs. La dépense totale est donc de 69 francs ou 1 franc le kilogramme. La culture était florissante lorsque l'on payait 52 francs au lieu de 40 francs les 325 livres de coton en graines; la balle revenait à 87 francs, mais le commerce payait bien davantage.

Ces calculs et ces rapprochements vérifient complètement la thèse que nous soutenons, c'est que dans une contrée telle que le Vénézuéla, il faut surtout s'attacher aux productions qui ne peuvent s'obtenir que dans les localités privilégiées, dont il a l'heureuse fortune de faire partie. Or le coton aime les climats qui correspondent dans les régions équinoxiales à une altitude de 500 à 1,000 mètres; ce ne sera que pour une partie, le cas des propriétés décrites au chapitre VIII, et il y a un très grand nombre de régions très vastes pour faire la concurrence.

Les cotonniers aiment des terres siliceuses et riches en potasse, mais ils s'accommodent d'une très grande variété de sols, à l'exclusion seulement des terres très argileuses ou très calcaires. Il faut plus de chaleur pour l'espèce en arbre que pour l'espèce herbacée; la première doit être préférée au Vénézuéla. L'humidité est en outre nécessaire pour de grands produits, et c'est parce que cette condition manque à beaucoup de cultures de cotonniers qu'il y a des échecs constatés ou du moins de faibles productions peu rémunératrices. Dans les terres chaudes et humides, la durée de la floraison se prolonge, et alors, avec un moins grand nombre de bras, on peut faire la cueillette, puisqu'on a plus de temps devant soi pour tout récolter. Le meilleur espacement à suivre est celui de 1 mètre sur 80 centimètres; on a alors 12,500 pieds par hectare, et l'on peut compter, si l'on opère dans de bonnes conditions, sur 1,000 kilogrammes à l'hectare. Il est utile de faire l'égrenage sur l'exploitation elle-même, et, de plus, l'extraction de l'huile de la graine, de manière à n'exporter que les fibres textiles et l'huile, et à conserver les tourteaux des graines et toutes les tiges ou leurs cendres, si on brûle ces dernières; mais il y aura encore lieu d'apporter des engrais, soit du fumier produit par le bétail, soit des engrais commerciaux tels que le guano, les nitrates, les phosphates, etc. C'est une trop profonde erreur de croire qu'on peut se passer d'engrais dans les régions équinoxiales.

CHAPITRE XV

CULTURE DE LA RAMIE

Notre attention a été appelée d'une manière particulière sur la ramie cultivée comme plante textile qui, dans des exploitations rurales telles que celles que fait entrevoir le chapitre VIII, pourrait devenir l'objet d'une entreprise importante. Nous devons essayer de résoudre la question qui nous est faite.

La ramie, *Urtica Nivea* (Linné), *Bœhmeria Nivea* (Gaudichaud), *Bœhmeria Candicans* (Blum), *Urtica tenassissima* (Roxburgh), *Ramium majus* (Rumphus), n'est autre que le nom Malais de l'ortie de Chine, du China-grass, du Rhea d'Assam, du Gambe des îles Célèbes. C'est une plante qui fournit un textile remarquable, sur lequel on a quelques données en France depuis 1845, dont on a essayé la culture, mais qui n'est pas encore adoptée dans la grande pratique agricole. Quoi qu'il en soit, elle fournit des fibres relativement longues par rapport à celles des autres plantes ligneuses, et surtout très résistantes en même temps que fines ; c'est ce qui a porté l'industrie à s'en occuper.

Pour mettre le sol en état de recevoir la ramie, il faut d'abord le défoncer à une profondeur de 25 à

30 centimètres et procéder, par des labours, des hersages et des roulages, à un ameublissement complet. Le jeune plant de ramie qui a été élevé dans une pépinière est repiqué, au printemps, sur des planches de 1m,50 environ, entre lesquelles règnent les rigoles d'arrosage, et qui reçoivent deux lignes parallèles, en espaçant les pieds de 80 centimètres dans la ligne. La première année de plantation, il faut, suivant l'état de propreté du sol, procéder à deux ou trois sarclages, afin de détruire les mauvaises herbes; les années suivantes, les travaux d'arrosage et ceux de binage, au printemps et après chaque coupe, sont seuls nécessaires. La coupe de la ramie doit se faire dès que les tiges ont atteint une hauteur de 1m,20 à 1m,30, avant la floraison. Suivant les climats et suivant les saisons, on peut faire annuellement deux ou trois coupes; dans les pays très chauds, on peut aller jusqu'à quatre et peut-être cinq coupes. On peut estimer de 700 à 800 kilogrammes de filasse le produit d'une coupe pour un hectare. La filasse représente le cinquième des tiges vertes. Le bétail est friand des feuilles.

La substance gommeuse qui existe dans les tiges de la ramie nécessite l'emploi de machines spéciales pour la décortication.

Une plantation de ramie peut durer pendant six ou sept ans, et même davantage, en pleine production.

Voici l'estimation, faite par M. Léon Barral, des frais et des produits de la culture de cette plante au Vénézuéla :

CULTURE DE LA RAMIE, SUR UN HECTARE DE TERRE AU VÉNÉZUÉLA.

Location............	10 fr.	Produit 1,800 kilogr. de filasse à 0,75 c..	1,350 fr.
Labour, 10 journées de mules.............	50	Dépenses à déduire.	595
2 binages à la houe, 2 journées.........	10	Bénéfice.........	735 fr.
Frais de récolte à la faucille...........	50		
Transport de la récolte, 2 journées.........	10		
Décortication. 0,15 c. par kilogr. de filasse obtenu............	270		
Transport du Vénézuéla en Europe, 0,10 c. par kilogramme....	180		
Entretien du matériel.	15		
Dépenses totales.	595 fr.	Bénéfice par hectare..	735 fr.

Il ne peut être question, jusqu'à présent, que d'appréciations qui ont besoin d'être vérifiées par la pratique, et qui le seront d'autant mieux qu'on expérimentera les machines de décortication et la filature de la fibre sur une petite échelle pour commencer, et dans un pays neuf d'où les produits pourront être expédiés de manière à éveiller la mode.

CHAPITRE XVI

PLANTES TEXTILES DIVERSES

Les régions équinoxiales, et particulièrement le Vénézuéla, sont si riches en plantes textiles, qu'on doit considérer comme presque inutile de chercher à y importer la culture de quelques autres, à moins de qualités exceptionnelles. Nous citerons, après le coton, les fibres extraites des agaves, des yuccas, des bananiers, des cocotiers.

L'*agave americana* porte dans son pays d'origine le nom vulgaire de Maguey. On en tire à la fois une liqueur vineuse extrêmement abondante, appelée quelquefois vin de Maguey, et une matière textile appelée *la pita* ou pite, et à laquelle on a aussi quelquefois donné le nom d'aloès, très improprement, puisque cette dernière plante n'a rien de commun avec les agavées. Le maguey vient dans tous les sols, mais il acquiert surtout un admirable développement dans les sols fertiles. On le propage par drageons qu'on place en lignes, en les espaçant de 2 à 3 mètres. Une fois la plantation faite, il ne faut plus, pour ainsi dire, lui donner de soins. A mesure qu'il croît en grosseur, ses feuilles extrêmement charnues, épaisses de plusieurs centimètres, s'étendent en s'inclinant, comme des sortes de glaives garnis sur les bords d'épines courtes et dures. La plante ne parvient à la fructification qu'au bout de huit ou dix ans; alors il surgit du sein de la masse feuillue une hampe isolée qui s'élève à une hauteur de 2 à 3 mètres, et qui porte à son extrémité les fleurs, puis les fruits, en même temps que les feuilles, d'abord penchées, se redressent. On choisit ce moment pour recueillir la sève. On pratique une cavité de deux à trois litres à la partie supérieure du tronc, en coupant le faisceau de feuilles centrales et en élargissant insensiblement la place. Le suc se réunit dans l'excavation que l'on vide deux ou trois fois toutes les vingt-quatre heures; la récolte dure deux ou trois mois, et chaque plant fournit, durant cette véritable vendange, de 120 à 150 litres, de telle sorte qu'un hectare contenant 900 plants peut rendre 1,200 hectolitres de pulque par an, c'est-à-dire dix fois plus qu'une vigne très productive d'Europe. Le pulque est un vin assez agréable, dit M. Boussingault, quant la totalité du sucre n'a pas été transformée en alcool, mais il prend, si la fermentation est complète, une odeur de viande faisandée, et devient extrêmement enivrant. Outre le vin qu'on en retire en quantité si prodigieuse, l'agave fournit, par ses feuilles, des fils de tous genres, remarquables par leur solidité, mais les uns grossiers, les autres très fins, selon les espèces, et aussi une pâte à papier remarquable. Les plantations d'agave doivent donc être très considérables, comme devant être essayées dans les propriétés décrites au chapitre VIII, et comme devant y être très lucratives, puisqu'elles donnent de gros revenus au Mexique, et, en quelques lieux, acquièrent des valeurs considérables.

Les feuilles des Yuccas donnent des fibres très analogues à celle des agaves : aussi, dans les envois de pite que d'Amérique on fait pour l'Europe, les filaments des Yuccas se trouvent-ils très souvent mélangés. On ne devra étudier la culture de ces plantes qu'au point de vue de quelques variétés telles que le *Yucca filamentosa*, qui donnent des filaments très soyeux, se teignent facilement en rouge, en violet, en vert, en noir, et que l'on appelle de l'herbe de soie. Mais, nous le répétons, les fibres des Yuccas valent en général moins que celles des agaves, et elles ne servent guère qu'à falsifier le pite dont elles diminuent la qualité.

Tandis que le *Musa paradisiaca* fournit surtout un fruit admirable auquel il sera consacré un chapitre spécial, le *Musa textilis* ou *Abaca* donne des filaments longs, soyeux et résistants, qui ont une grande renommée sous le nom de chanvre de Manille, mais ses fruits ne sont pas comestibles. « On doit considérer, dit excellemment M. Vetillard[1], le *Musa textilis* comme pouvant prospérer depuis l'Équateur jusqu'au 20e degré de latitude nord. Il réussirait très probablement aussi bien qu'à Manille, dans toutes les régions qui se trouvent dans des conditions similaires quant à la nature du sol, à la chaleur et à l'humidité du climat. Aux îles Philippines, des villages entiers payent leur tribut et pourvoient aux dépenses locales avec le produit de l'Abaca; de plus, il leur fournit tout ce qui est nécessaire pour le vêtement, et il suffit à presque tous les autres besoins des habitants. On le coupe à l'âge de dix-huit mois, avant que la fleur paraisse; on a reconnu que, passé cette époque, les filaments sont moins forts; en les retirant plus tôt, ils sont plus courts et plus fins. Le pied est coupé ras de terre, et les feuilles au-dessous du point où commence le limbe. On fend l'espèce de tronc ainsi

1. *Études sur les fibres végétales et textiles.*

obtenu et on en retire la tige à fleurs qui se trouve au centre. Les couches extérieures de cette masse de feuilles, ou plutôt de pédoncules, qui s'enveloppent les uns les autres, contiennent les filaments les plus forts et les plus grossiers auxquels on donne le nom de *Baudala;* ils servent pour la fabrication des cordages. Les couches du centre donnent les fibres les plus fines, connues sous le nom de *lupis;* on les emploie pour fabriquer les tissus fins que l'on appelle *ciepis*. Les couches intermédiaires fournissent un filament qui porte le nom de *tupoz* avec lequel on tisse des gazes et autres étoffes de finesses différentes. Les feuillets ou couches, ainsi séparés, sont laissés pendant un jour à l'ombre pour sécher, ensuite on les divise en bandes de 10 centimètres de large environ. On enlève l'épiderme extérieur, puis, à l'aide de couteaux ou de lames de bambou, on racle les fibres jusqu'à ce qu'elles restent sèches, débarrassées de tout le parenchyme qui les entoure. On secoue alors les faisceaux obtenus, de manière à bien séparer les filaments; on les lave, on les fait sécher et on tire les plus fins; les femmes se chargent de cette opération qu'elles exécutent avec une dextérité remarquable. Les faisceaux destinés à la fabrication des cordages ne reçoivent pas d'autre préparation. Les plus fins sont assouplis en les battant avec un maillet en bois, puis on les met en paquets. On les colle ensuite bout à bout, et on forme un peloton du fil ainsi obtenu; il sert pour le tissage des étoffes. Les tissus qui en proviennent sont mis à tremper pendant 24 heures dans de l'eau chaude, puis dans de l'eau froide, et enfin de l'eau de riz. En dernier lieu on les lave. Ces diverses opérations leur donnent une couleur blanche, et beaucoup de brillant et de souplesse. Les uns sont destinés à la teinture, d'autres ornés de broderies. Les cordages de Manille sont remarquables par leur force et leur légèreté; le défaut qu'on leur reproche est de devenir très raides par les temps de pluie. On croit que cet inconvénient pourrait être atténué, si les cordages étaient fabriqués avec plus de soin et d'intelligence. »

Tous les détails qui précèdent montrent quels résultats merveilleux on pourrait obtenir de la culture et du travail de l'abaca, si les procédés employés étaient perfectionnés d'après les principes de la chimie et de la mécanique suivis dans l'industrie moderne. Le *Musa paradisiaca* ou Bananier produit aussi, outre son fruit, une quantité considérable de filaments avec lesquels on fait des étoffes et des cordages. L'étoupe qui résulte du travail de ces filaments est employée pour la fabrication du papier. Les filaments intérieurs de la partie engaînante des feuilles sont, comme dans le *Musa textilis*, les plus forts et les plus grossiers, et ceux de l'intérieur les plus fins; les faisceaux retirés de la partie intermédiaire tiennent le milieu entre les deux. Pour préparer les fibres du bananier, on emploie plusieurs procédés qui varient d'un pays à l'autre. Un premier procédé consiste à étendre le pédoncule d'une feuille sur une planche longue et bien dressée, la face intérieure en dessus; on enlève alors le parenchyme en raclant, au moyen d'un morceau de feuillard enchâssé dans un long morceau de bois; quand la première face de la feuille est bien nettoyée, on répète la même opération sur la face extérieure. Une fois qu'on a préparé ainsi un paquet assez considérable de filaments, on le lave vivement à grande eau, ou bien on le fait bouillir dans de l'eau de savon ou dans une lessive alcaline. Après le lavage, on fait sécher à l'ombre, en étendant les filaments en couche mince. L'action directe du soleil donne aux fibres une teinte fauve que le blanchiment à la rosée fait difficilement disparaître aux dépens de la force des fils. On emploie aussi la fermentation pour obtenir la séparation des fibres. Après avoir coupé les pieds des bananiers, on les met en tas sur place en les couvrant avec des feuilles pour les protéger du soleil ; la sève s'écoule et la masse fermente. Mais il faut plusieurs semaines pour qu'on puisse opérer mécaniquement la séparation des feuilles. On ne coupe, du reste, dans beaucoup de pays, les feuilles du bananier qu'après la récolte du fruit, prétendant que, avant la maturation, les fibres seraient moins résistantes, ce qui est le contraire de l'opinion régnante aux îles Philippines. Enfin, on sépare encore les fibres en employant le laminage entre des cylindres très lourds, et en activant le nettoyage par l'ébullition dans une lessive formée de carbonate de soude et de chaux. On évalue à 2 kilogrammes de fibres environ par arbre le rendement du bananier après la récolte des fruits, ou bien à 600 kilogrammes par hectare le produit d'une platanerie. La force de cette fibre est inférieure à celle de l'abaca, et même à celle du chanvre d'Europe ; mais cette matière a un très grand intérêt pour la fabrication du papier.

Les produits textiles du cocotier (*Cocos nucifera*), le plus utile et le plus précieux de tous les palmiers, méritent aussi la plus grande attention. Il y a d'abord l'espèce de bourre, rude et grossière, qui enveloppe les noix de coco ; puis les feuilles dont les diverses parties fournissent la matière première pour fabriquer des paniers, pour couvrir des maisons, ou pour faire des balais. Mais l'écorce de la noix fournit le textile le plus précieux, que l'on appelle vulgairement le *coir*. Pour le préparer, on opère par le rouissage. Les écorces séparées des amandes sont mises en tas dans des fosses remplies d'eau douce ou d'eau salée, et on les y maintient enfouies, durant un an, au moyen de pierres. L'eau croupit et se colore en brun, tandis que la matière qui tenait les fibres agrégées se détruit. Après ce long rouissage, on soumet le coir à un battage énergique, à l'aide de lourds maillets, et, au moyen des mains, des femmes le débarrassent de toutes les matières étrangères. Avec les fibres obtenues, on fait des cordages, des nattes, des paillassons, des tapis de vestibules ou d'escaliers, d'un aspect un peu grossier, mais d'une grande durée, et dont les services sont de plus en plus appréciés. Il est bien évident, d'ailleurs, que les procédés de préparation bien primitifs employés pourraient être perfectionnés.

La conclusion à tirer de cette revue des richesses textiles des régions équinoxiales, c'est que l'on peut y obtenir, avec de grands profits, un grand nombre de produits qu'on ne rencontre pas sous d'autres climats, que le commerce recherche et que l'industrie utilise. Des usines pour en tirer parti ne seront ni coûteuses ni difficiles à établir, et elles complèteront, avec grands profits, les cultures qu'on organisera, en fournissant, d'ailleurs, tous les moyens d'emballage qu'on pourra désirer, tous les ustensiles nécessaires à la vie, une grande partie des vêtements de la population, outre beaucoup d'objets d'exportation.

CHAPITRE XVII

CULTURE DU BANANIER

On a déjà vu que le bananier est employé au Vénézuéla pour donner l'ombre nécessaire à la culture du cacaotier (chapitre IX); on a reconnu qu'il fournit aussi une matière textile intéressante (chapitre XV). Son utilité, dans les régions équinoxiales, a un caractère plus général et plus élevé. C'est par cet arbre que la subsistance des populations se trouve assurée, et il importe de connaître le rôle considérable qui lui est dévolu dans tout établissement agricole, et par conséquent dans une vaste entreprise de la nature de celle décrite au chapitre VIII. Quelques auteurs d'un grand mérite (George Forster, R. Brown, Alphonse de Candolle) ont adopté l'opinion que les bananiers sont originaires de l'Asie méridionale. Mais les voyageurs, et notamment, après un examen attentif de la question, de Humboldt et M. Boussingault ont constaté que les bananiers existaient dans le Nouveau-Monde avant la conquête. Quoi qu'il en soit, de tous les fruits à pulpe, la banane est celui qui est le plus généralement employé comme aliment.

Les botanistes distinguent trois variétés principales de bananiers : 1° le *Musa paradisiaca*, appelé Platano arton ; 2° le *Musa Sapientium*, nommé aussi Camburi ; 3° le *Musa regia rumph* ou Platano dominico. La première variété est la plus répandue. Elle convient surtout aux régions chaudes, situées au bord de la mer; c'est elle qui donne les plus grands produits et les bananes les plus pesantes ; les fruits du Camburi et du Dominico sont moins volumineux, mais passent pour plus délicieux et plus savoureux. Sa culture est extrêmement productive alors que la température moyenne est comprise entre 24 et 28°; elle est encore avantageuse entre 22 et 24° ; elle donne des résultats ordinaires entre 19 et 22° ; elle devient désavantageuse entre 17 et 19° ; sa limite est à 16°.

C'est donc dans la plaine et dans les vallées, sans remonter à plus de 500 mètres, qu'on devra le placer. Il lui faut un sol riche et humide, mais bien égoutté ; on le propage et plante par drageons. La plantation se fait un peu avant l'époque des pluies. On débarrasse le terrain de toutes les herbes qui peuvent le couvrir, et on le remue à la pioche jusqu'à une profondeur de 30 centimètres, au moins dans les places où l'on doit planter les drageons. On laisse un intervalle de 2 mètres au moins entre les pieds. Chaque plant fournit plusieurs tiges dont chacune est destinée à porter des fruits; on n'en garde que six ou sept, on supprime les autres lorsqu'il en pousse un plus grand nombre. Les soins à donner à la culture se borneront désormais à sarcler autour des plants. Dans les endroits chauds, sur le littoral de la mer des Antilles, le bananier fleurit 9 mois après la plantation, et le fruit emploie environ trois mois à se former et à arriver à maturité. Il faut un temps de plus en plus considérable à mesure qu'on se trouve dans une station plus élevée. Quand la fructification est accomplie, les feuilles se dessèchent et tombent pour faire place à celles qui concourent à la végétation nouvelle, et les cueillettes se succèdent à des intervalles très rapprochés. La même plante, dit M. Boussingault, offre à la fois des fruits plus ou moins avancés, des régimes couverts de fleurs et de jeunes tiges qui se préparent pour l'avenir. Aussi, il n'est pas de culture plus rassurante que celle du bananier; les circonstances climatériques peuvent retarder quelquefois sans jamais anéantir l'espérance du cultivateur. Les sécheresses extraordinaires qui partout et particulièrement sous le climat brûlant de l'Équateur détruisent ou interrompent la végétation des plantations quand elles ne sont pas irriguées exercent bien rarement une action désastreuse sur le bananier, dont l'ombrage oppose un obstacle permanent à l'évaporation de l'humidité. Durant la saison sèche, lorsque pendant des mois entiers le ciel conserve sa pureté, lorsqu'il ne tombe pas une seule goutte de pluie pour rafraîchir la terre, le sol abrité par le bananier est néanmoins toujours humide; chaque matin on pourrait croire qu'il a été arrosé pendant la nuit. Cet effet salutaire est produit par le rayonnement nocturne des feuilles vers l'espace céleste. Ces feuilles, dont l'étendue en surface est considérable, se refroidissent toujours, durant les nuits étoilées, de quelques degrés au-dessous de la température de l'air ambiant; elles condensent alors la vapeur aqueuse contenue dans l'atmosphère, et versent au pied de la plante l'eau qui résulte de cette condensation.

Le rendement d'un *platanar* dépend du climat, du sol et de l'écartement des bananiers. On estime qu'en général un régime de grandes bananes pèse 20 kilogrammes, et qu'on peut obtenir trois régimes d'un même plant dans l'année; il en est ainsi au bord de la mer; à mesure qu'on s'élève, le nombre des régimes annuels diminue. Voici des chiffres donnés suivant les altitudes; dans les régions chaudes, à la température 27°5, d'après de Humboldt, on obtient 184,300 kilogrammes de bananes par hectare; à Cucurusassi, à la température de 26°, d'après M. Boussingault, 150,000 kilogrammes; à Ibagué, à la température de 22°, d'après Goudot, 64,000 kilogrammes.

Voici, d'après M. Boussingault, les poids relatifs de la cosse et de la pulpe dans la banane, aux divers états sous lesquels on la consomme:

	Verte.	A maturité imparfaite.	A maturité parfaite.
Cosse.......	34,3	38,1	36,8
Pulpe.......	65,7	61,9	63,2
Totaux...	100,00	100,0	100,0

« La banane verte, ajoute M. Boussingault, celle dont la cosse est verte, a une chair blanche et presque insipide; dans cet état, elle ne contient pas sensiblement de sucre; c'est l'amidon qui domine: aussi, dans l'alimentation, on la substitue au pain, à la pomme de terre et au maïs; on peut la considérer comme un farineux; après avoir enlevé la cosse, on la cuit sous la cendre jusqu'à ce que la partie externe soit légèrement rôtie, on la sert sur la table; c'est une sorte de pain tendre très-agréable..... Dans les expéditions que l'on entreprend dans les forêts, quand on doit rester pendant longtemps éloigné de toute habitation, la banane verte fait toujours partie des provisions; mais alors on lui fait subir une forte dessiccation, d'abord pour diminuer son poids, et ensuite pour détruire tout principe de vitalité, afin de l'empêcher de mûrir. La première fois que je vis dessécher la banane verte, ce fut au moment où j'allais quitter Nuevo, pour m'interner dans les forêts marécageuses du Choco. On commença par chauffer fortement un four à pain, dans lequel on introduisit ensuite les bananes dépouillées de leurs cosses. La dessiccation dura huit heures environ; à sa sortie du four, la banane était très dure, cassante, translucide, et d'un aspect corné. 100 kilogrammes de fruits verts donnèrent 40 kilogrammes de substances sèches. La banane ainsi préparée est appelée *fifi*; c'est une espèce de biscuit qui se conserve pendant un temps très-long, sans subir la moindre altération. Pour consommer le fifi, on le fait tremper dans l'eau, puis on le fait bouillir; en ajoutant de la viande salée (tasajo), on obtient un mets très substantiel. J'ai navigué sur la mer du Sud, dans un bâtiment approvisionné avec des bananes desséchées, que l'on distribuait à l'équipage en guise de pain.

« Quand elle est mûre, la banane n'est pas farineuse; à mesure qu'elle mûrit, son amidon se change en gomme et en sucre, et il se développe un acide. Mais entre l'état farineux et l'état sucré ou de parfaite maturité, il y a un état intermédiaire sous lequel on la consomme généralement. Rôtie dans les cendres chaudes, la banane possède alors une saveur analogue à celle de la châtaigne; on la mange ainsi comme légume, après l'avoir fait cuire dans l'eau. Le fruit mûr est quelquefois rôti; sa saveur est sucrée. Un usage général est de le faire cuire dans la graisse, après l'avoir coupé en tranches. La valeur nutritive de la banane ne doit pas s'éloigner beaucoup de celle de la pomme de terre : ainsi j'ai rationné des hommes soumis à un travail assez fort, avec environ 3 kilogrammes de bananes demi-mûres, et 60 grammes de viande desséchée au soleil. »

Comme un kilogramme de bananes ne coûte guère qu'un centime, on voit qu'il est difficile de trouver une nourriture aussi peu coûteuse. La diversité des aliments que la banane fournit la rend d'ailleurs aussi précieuse que l'abondance et la sécurité de sa production la rendent avantageuse. M. Corenwinder, qui a analysé de la pulpe mûre, y a trouvé plus de 20 pour 100 de sucre, et il en a conclu avec raison qu'on pourrait soumettre le fruit à une fabrication industrielle de sucre qui donnerait peut-être plus de profits que la canne et que la betterave.

Le bananier fournissant de l'ombre au cacaotier, donnant une matière textile et de la pâte à papier par ses feuilles, produisant de l'amidon ou du sucre à volonté, fournit encore un combustible par les cosses de son fruit, dont les cendres sont riches en potasse ; de plus, c'est la plante qui demande le moins de travail et pour la culture et pour la récolte. Elle mérite évidemment mieux que l'admiration de l'Européen, elle doit éveiller son industrie.

CHAPITRE XVIII

CULTURE DU COCOTIER

La culture du cocotier est celle qui fournit le plus fort rendement en huile par hectare; elle donne 50 pour 100 en plus que l'olivier et que les plantes oléagineuses d'Europe les plus productives. On a vu en outre qu'on obtient du *coir* (chapitre xv) des filaments d'un emploi très varié et dont l'usage est devenu général. Comme la place de cette culture est sur le littoral de la mer, et que les régions équinoxiales sont les seules qui lui conviennent, il est évident qu'on doit d'une manière toute particulière la conseiller dans une grande entreprise agricole où il importe d'obtenir des produits variés, afin d'avoir toujours des revenus, même dans les années où une récolte déterminée viendrait à manquer.

Dans des notes très-bien faites que nous a remises M. Delort, nous trouvons les détails très-intéressants qui suivent :

« Dans les vallées des bords du golfe de Cariaco, ainsi que le long de la côte de Cumana à Barcelone, le cocotier vient parfaitement bien.

« C'est une plante qui demande des terrains humides, et se cultive avantageusement près de la mer.

A la cinquième année, elle commence à produire; chaque arbre donne de 100 à 120 noix par an; ces noix tombent de l'arbre tous les mois, et cela dure de la sorte jusqu'à la cinquantième année, après quoi la production diminue. Le produit annuel de chaque arbre peut être évalué de 7 à 8 francs. Le nombre d'arbres que l'on peut planter sur un hectare est de 187, du produit desquels on obtiendrait 800 bouteilles d'huile. C'est assurément la culture la plus productive, celle qui exige le moins de travail, et dont les frais consistent seulement dans le nettoyage du terrain, une ou deux fois par an.

« L'huile de coco est employée à la fabrication du savon, et elle sert aussi à faire des bougies plus solides que celles de blanc de baleine. »

M. Boussingault, dans son *Économie rurale*, donne sur le palmier des renseignements qui, à quelques chiffres près, confirment complètement ceux de M. Delort; l'illustre agronome et voyageur s'exprime ainsi :

« Le cocotier (*Lodoicea Cocos Nucifera*) produit une grande quantité d'huile en exigeant le moins de travail possible ; déjà la culture de ce palmier s'accroît rapidement dans la province de Maracaïbo; il vient très-bien dans les régions chaudes peu distantes des bords de la mer, là où la température moyenne se maintient entre 27° 5 et 25° 6. On le retrouve encore sur le bord des grands fleuves, et c'est un usage assez répandu, que celui de mettre du sel dans le trou destiné à recevoir la semence. Lorsqu'il est transplanté loin du rivage, il se plaît surtout dans la proximité des habitations, ce qui fait dire aux Indiens que le cocotier aime à entendre causer sous ses ombrages. La vérité est que cet arbre recherche un sol imprégné de substances salines, et ces substances ne manquent jamais près des endroits habités par l'homme.

A l'âge de 4 ans, ce palmier émet ses premières fleurs, il produit des fruits l'année suivante et continue à fructifier jusqu'à l'âge de quatre-vingts ans. Les régimes portent communément 12 cocos, et on peut admettre qu'un arbre rend par année 50 noix dont on extrait 4 litres d'huile. Sur un hectare, on rencontre ordinairement 225 plants capables de produire par an 900 kilogrammes d'huile[1]. C'est très probablement à ce chiffre que s'élève le rendement des palmiers à huile de la vallée du Cauca.

« Le coco donne deux qualités d'huile, selon le mode d'extraction. Pour préparer l'huile la plus appréciée, on râpe la partie charnue du fruit, et on en presse la pulpe, qui donne un liquide laiteux dont on retire l'huile par l'ébullition ; on la décante après un repos suffisant. A la température de 27 à 30°, cette huile est fluide et presque incolore ; on l'emploie pour les usages de la table. La qualité inférieure s'obtient en laissant putréfier les cocos ; quand la putréfaction est terminée, on place les pulpes dans des chaudières de cuivre exposées au soleil, et on enlève l'huile qui se rassemble à la surface de la masse liquide ; pour la priver de l'humidité qu'elle retient toujours, on la chauffe à une température un peu supérieure à celle de l'eau bouillante. Cette huile est brune, d'une odeur assez forte ; elle contient des acides gras qui, probablement, ont été mis en liberté par la fermentation putride. »

La description de ce procédé suffit pour indiquer que de nombreuses améliorations peuvent être apportées à l'extraction de l'huile de coco. C'est ce qui a déjà été fait dans la seule usine de ce genre existant actuellement au Vénézuéla ; elle est établie à Cumana, à l'embouchure du Mançanarès, et elle a

1. Codazzi, *Resumen de la Geografia de Venezuela*.

été fondée par un Français. Elle se compose de deux presses hydrauliques qui peuvent travailler un million de noix par an, de séchoirs, d'une scierie et d'un atelier de réparation. L'embarquement et le débarquement se font au moyen d'une chèvre disposée sur les bords du fleuve. L'usine trouve dans une petite propriété voisine qui en est une dépendance une plantation de 5 hectares de cocotiers qui lui fournit une partie de sa matière première; des propriétaires de plantations situées sur le bord de la côte ont pris des engagements pour livrer par an de 600 000 à 700 000 cocos. Les 1000 cocos rendus à l'usine sont payés 80 francs, plus 1 fr. 50 pour frais de débarquement. On obtient 11 kilogrammes 250 grammes d'huile pour 100 cocos; le rendement en huile est de 66 pour 100 d'amande. Les tourteaux produits sont vendus pour l'engraissement ou l'élevage des animaux. Il faut 9 hommes pour écraser un million de cocos. Les femmes font le cassage. De nombreux perfectionnements pourraient encore être introduits dans cette fabrication, de manière à permettre l'abaissement du prix de revient qui est aujourd'hui de 0 fr. 74 le kilogramme d'huile, le prix de vente étant de 1 fr. 14. Il suffirait de diminuer de quelques centimes le prix de revient pour arrêter toutes les petites fabriques, et il nous paraît certain qu'avec une préparation des fibres on aurait une industrie susceptible de donner de grands profits.

CHAPITRE XIX

CULTURE DE LA VIGNE

On trouve la vigne cultivée en immenses treilles pour la production du raisin à Cumana et dans quelques autres villes du Vénézuéla. On récolte le fruit toute l'année pour la table, mais on n'y a pas de vignobles pour la production du vin. Est-ce à dire que la culture productive de la vigne n'y soit pas possible? Rien ne permet une telle hypothèse. Tout, au contraire, fait présumer qu'on pourrait obtenir d'excellents raisins susceptibles de fournir des vins de toutes les qualités, et en grande abondance. La fabrication du vin n'y serait pas non plus difficile dans d'excellentes conditions, et l'on pourrait obtenir, en s'y prenant bien, des vins de grande qualité. Comment se fait-il que la vigne ne soit plantée nulle part au Vénézuéla en vue d'une production qui répondrait à un véritable besoin, car la consommation du vin comme boisson y est assez considérable ? Il nous paraît qu'on peut attribuer le fait à la prohibition sévère que, durant leur domination, les Espagnols ont édictée contre la culture de la vigne, sans doute pour la protection de leurs riches vignobles européens. L'absence de la vigne est donc plutôt une probabilité des bons résultats qu'on pourrait en obtenir qu'un argument en faveur de l'impossibilité d'une culture qui mériterait tout au moins d'y être essayée.

CHAPITRE XX

PRODUCTION DE L'INDIGO ET DU ROCOU

L'importance croissante prise par la fabrication des matières tinctoriales artificielles rend de moins en moins importantes les cultures des plantes dont les principes immédiats servent à la fabrication des couleurs. C'est ainsi que l'extraction de l'indigo, dans tous les pays dont les plantes indigofères sont originaires, diminue d'année en année, et malgré le succès qu'elle a eu naguère, on ne peut espérer qu'elle donnera lieu de nouveau à un commerce actif. Aussi, la culture de l'*indigofera anil*, assez florissante autrefois, dans le Vénézuéla, est-elle maintenant en décroissance marquée. « Ce fait, disent les Annales du commerce extérieur (février 1875), s'explique par plusieurs causes : en premier lieu, par l'habitude prise de faire trop souvent subir à cet article des altérations qui lui ôtent sa valeur et le rendent suspect sur la plupart des marchés de l'Europe ; en second lieu, par le travail difficile et dangereux qu'exige sa manipulation, pour laquelle on a de la peine à trouver des bras suffisants. Aussi préfère-t-on la culture d'autres plantes dont le produit est plus avantageux On expédie l'indigo en caisses et en surons sous forme de morceaux irréguliers, ou en poudre, mais il est toujours mêlé à des matières étrangères, et bien inférieur aux produits de la Colombie ou du Guatemala. Pour que l'indigo pût prendre quelque importance au point de vue commercial, il faudrait que sa fabrication fût plus soignée. » Il n'y a jamais intérêt pour un pays, non plus que pour une maison considérable, à mal livrer une marchandise quelconque. Si le Vénézuéla avait fait du bon et loyal indigo, il eût conquis le marché du monde entier, par cette raison que nulle part l'hectare ne produit autant. Ainsi, Codazzi constate qu'un hectare dans la vallée d'Aragua donne 127 kilogrammes d'indigo, tandis que M. Boussingault n'a trouvé qu'un rendement de 73 kilogrammes à la Caroline, et que M. Plagne n'évalue qu'à 53 kilogrammes le rendement d'un hectare sur la côte de Coromandel.

Pour cette culture, il faut un climat chaud et un sol humide, mais bien égoutté, et pour les meilleurs résultats, un bon système d'irrigation. Si la température descend à 22° ou 23°, l'entreprise cesse d'être productive. On sème en lignes, en espaçant les trous destinés à recevoir la semence à 65 centimètres. Dans chaque trou profond de 5 centimètres environ, on dépose une pincée de graines que l'on recouvre d'un peu de terre. Si l'on n'a pas d'irrigation, on fait la semaille à l'époque des premières pluies. La levée des semences a lieu dans la semaine de la semaille. On a soin de faire autant de sarclages que cela peut être nécessaire pour tenir le terrain très propre. On commence, dans les régions les plus chaudes, à faire une première coupe, après cinquante jours de végétation, avant la floraison, alors que les feuilles sont d'un vert obscur et enduites d'un duvet léger et velouté. La seconde coupe a lieu quarante-cinq à cinquante jours après la première, et on fait ainsi des récoltes successives, jusqu'à ce que la plante dégénère, ce qui arrive au bout de deux ans dans les bons terrains et sous le climat le plus favorable. La plante est coupée chaque fois à 3 ou 4 centimètres du sol. Sa durée décroît, et l'intervalle entre les coupes est plus grand, lorsque le climat et le sol sont moins favorables. Aussitôt la récolte faite, les feuilles sont portées aux réservoirs dans lesquels se fait la fermentation qui ne dure que pendant dix-huit heures, et d'où on fait écouler les eaux fermentées dans un reposoir où se dépose le *grain* en une pâte qu'on fait sécher. C'est une opération très simple qui, bien conduite, donnerait toujours de bons résultats.

Le *rocou* ou *roucou* est une matière colorante qu'on emploie pour teindre en jaune ou en jaune orangé la soie et quelques autres produits. Cette matière se présente dans le commerce en une pâte sèche et dure, brunâtre à l'extérieur, rouge en dedans, formée en mottes d'un kilogramme environ, et enveloppées de feuilles de roseaux. On l'extrait du fruit du *Bixa orellana*, arbre très commun à La Guyane, et qu'on multiplie par semis et par plants, en l'espaçant de 5 à 7 mètres. La récolte des fruits commence lorsque les arbres, qui croissent très rapidement et atteignent une hauteur de 5 à 6 mètres, sont arrivés à l'âge de trois ans; la production est dans son plein au bout de sept ans; elle décroît ensuite, et le roucouyer est arraché à dix ans. Le fruit, recouvert d'épines flexibles, renferme 30 ou 40 petites siliques, enduites d'une matière gluante d'un rouge de vermillon. On écrase ces fruits dans des auges en bois; on délaie dans de l'eau, on laisse fermenter, puis on recueille le liquide en faisant tamiser. Le principe colorant est en suspension dans le liquide; il se dépose, on décante, on recueille la pâte qu'on fait sécher et livre au commerce. La pulpe restée dans les tamis est soumise de nouveau à la fermentation, et fournit un deuxième produit. On obtient par hectare, dans la pleine production, environ 500 kilogrammes de rocou ; c'est une matière qui se place assez bien et dont la fabrication est avantageuse, mais qui ne saurait pas être considérée comme pouvant servir de base à un très grand commerce.

CHAPITRE XXI

PRODUITS DIVERS OBTENUS PAR LA CULTURE OU TIRÉS DES FORÊTS

Parmi un grand nombre de produits naturels qui abondent sur le territoire Vénézuélien, quelques-uns seulement donnent lieu à une exploitation sérieuse, d'autres sont recueillis en quantité insuffisante; tous les autres, et c'est le plus grand nombre, attendent encore les bras qui doivent en tirer parti. Il y a pourtant dans ces innombrables richesses de la végétation équinoxiale plusieurs fois les éléments de la fortune et de la prospérité d'un grand pays. Nous allons faire une sorte d'énumération de ces matières qui pourraient devenir l'objet de trafics, ajoutant beaucoup par la variété aux avantages des produits de grande exploitation.

La Fève de Tonka, nommée aussi noix de Tonkin, ou encore Zarrapia, est le fruit du *Coumarouna odorata*, arbre qui atteint souvent une hauteur de plus de 20 mètres et que l'on trouve surtout au Cuchivero, Caura, Caicara et jusqu'à Urbana (voir chap. IX, consacré à l'Orénoque); on extrait de son amande la Coumarine, principe aromatique qui existe aussi dans les fleurs du Mélilot; on se sert de cette fève dans la parfumerie et particulièrement pour parfumer le tabac à priser. La récolte se fait chaque année, mais tous les deux ans elle est plus abondante. Les exportations se font surtout par Ciudad-Bolivar; elles varient entre 100,000 et 150,000 kilogrammes. New-York, Hambourg et Brème, sont les trois marchés de cette denrée, elle s'y vend environ 16 francs le kilogramme; à Ciudad-Bolivar elle coûte de 7 à 8 francs, mais à ce prix il convient d'ajouter le montant du coût de la préparation qu'on fait subir à la fève avant de la livrer au commerce, soit environ 50 centimes. Cette préparation consiste simplement dans un bain de rhum; le fret de Ciudad-Bolivar aux divers marchés est de 10 centimes le kilogramme. Les droits élevés de la douane française éloignent cette denrée de nos ports. L'écorce et le bois du même arbre sont employés à des usages analogues à ceux auxquels on applique le gaïac.

Le *Dividivi*, nommé aussi *Libidibi*, a été signalé parmi les matières qui sont l'objet d'une exportation par les ports de la Guaira et de Puerto Cabello (chapitre III). C'est le fruit du *Cæsalpinia coriaria;* il est brunâtre, de la grosseur d'une gousse de pois vert, mais convoluté; il est employé dans le tannage.

La *Salsepareille*, racine du *Smilax sarsaparilla;* la *Caraque*, gomme d'un térébinthe; le *baume de Copahu;* la *Cebadille* ou cévadille, dont les graines donnent la vératrine; la *Cuspa* ou écorce d'Angostura; le Pusjau, la Cimarruba ou écorce du Quossier; la Vanille, le Quinquina, l'Ipécacuahna, le Caoutchouc, donnent lieu dès maintenant à une production et à un commerce assez importants. M. Tejera cite les chiffres suivants pour les exportations en 1873 :

Baume de Copahu.....	37,905	kilogrammes.
Cévadille.............	69,104	—
Cimarruba...........	4,036	—
Caraque.............	4,580	—

Caoutchouc........	58,008 kilogrammes.
Quinquina...........	28,331 —
Zarrapia..	65,663 —

Il est évident que des exploitations méthodiques pourraient s'emparer du marché, et qu'il y a aussi des essais à faire pour des plantations systématiques d'arbres tels que les quinquinas dont les produits, par leurs qualités, ont un écoulement assuré et de plus en plus considérable, tandis que les climats exigés par la végétation sont restreints.

Les bois de teinture sont l'objet d'un trafic considérable. Il faut surtout citer au Vénézuéla : l'osafran (*Carthamus tinctoria*), la mora (*Morus tinctoria*), le brésillet (*Cœsalpinia*), le manglier blanc (*Avicenia ritida*), le dividivier (*Coulteria tinctoria*), le bois de gaïac, le roucouyier (*Bixa orellana*), le cereipo, la canopia, le paraguston (*Macrocnemium tinctorium*), le sang-dragon ; on a vu au chapitre III qu'il y a là des produits que le commerce demande dans tous les pays industrieux. Il faut y joindre l'acajou, le cèdre et les bois d'ébénisterie. Alors qu'on doit posséder des terres accidentées, dont diverses parties devront être boisées, il ne peut pas être indifférent de savoir quelles sont les essences dont l'exploitation pourra donner les résultats les plus avantageux.

On trouve aussi au Vénézuéla d'immenses cultures de frijoles, de caraotas de diverses couleurs, de haricots, d'albergas, de tapiramos, de quinchonchas, de pois chiches, de lentilles, de riz, d'anis et d'autres grains qui couvrent de nombreux champs. D'après les chiffres fournis par Codazzi, on ne doit pas estimer à moins de 34 millions de kilogrammes la production annuelle actuelle de ces divers grains. Or, il y a encore, comme on l'a déjà vu dans ce travail, et comme on va le voir encore, beaucoup d'autres productions alimentaires ou industrielles importantes.

CHAPITRE XXII

LE MANIOC OU MANIHOT

Le jatropha ou manihot, vulgairement nommé, au Vénézuéla, yuca, et dont on distingue deux espèces : la yuca dulce (douce) et la yuca brava (méchante), donne des racines volumineuses et très féculentes, et avec lesquelles on fait du pain appelé pain de cassave et de l'amidon. Cette plante prospère jusqu'à une altitude de 950 mètres, et ses racines sont mûres au neuvième mois de la végétation; on les sort de terre peu de temps après que la plante a fleuri; si l'on attend, la fécule est moins abondante. Il y a un principe nuisible dans la yuca brava que la chaleur détruit, de telle sorte que l'on peut impunément en manger la racine après qu'elle a été rôtie; mais si les animaux la consomment crue, elle donne lieu à de graves accidents. On prépare l'amidon avec le jatropha par les mêmes procédés que par la pomme de terre. « C'est de la yuca brava, dit M. Boussingault, que les Indiens retirent la cassave qui remplace le pain dans leur alimentation. Dans les missions de Rio-Meta, un des principaux affluents de l'Orénoque, j'ai vu préparer la cassave de la manière suivante : des femmes déchiraient les racines de manioc, sur une râpe formée avec des fragments de silex enchâssés à la surface d'un tronc d'arbre ; la pulpe était mise ensuite à égoutter dans une longue passoire, en forme de boyau, et faite avec l'écorce entière provenant du dépouillement d'une espèce de ficus ; le suc égoutté, on ajoutait un peu d'eau pour achever le lavage ; le liquide sortait à peu près clair, sans entraîner une quantité notable d'amidon. Pour cuire la pulpe lavée, et former des galettes de cassave, on l'étendait sur un plat de terre placé sur le feu ; l'opération était terminée, lorsque la cassave était sèche et légèrement rôtie à l'extérieur. Le pain de cassave est peu agréable, mais il jouit de la propriété de se conserver pendant longtemps pendant la chaleur et l'humidité : aussi, quand on navigue sur les grands fleuves, cet aliment est une provision indispensable. »

L'amidon de manioc sert à préparer le tapioca. D'après M. Tejera, la production de manioc, au Vénézuéla, est de 14 millions de kilogrammes environ, dont la sixième partie est transformée en amidon, et les cinq sixièmes servent à faire du pain de cassave. La surface qui lui est consacrée est d'environ 10 200 hectares, ce qui donne un rendement moyen de 2000 kilogrammes à l'hectare.

CHAPITRE XXIII

L'ARRACACHA ET LA POMME DE TERRE

L'arracacha et la pomme de terre sont originaires de l'Amérique méridionale et y poussent côte à côte, mais, tandis que la pomme de terre a été importée avec un immense succès dans l'ancien Monde, l'arracacha n'a pu y prospérer et est resté une plante des climats voisins des tropiques.

C'est que la pomme de terre (*Solanum tuberosum*) veut un climat relativement tempéré, tandis que la première plante (*Arraccha esculenta*) ne se plaît que dans les régions chaudes. En Amérique, la pomme de terre réussit très bien sur les plateaux, même sur ceux qui sont très élevés ; mais elle n'y fournit pas des résultats supérieurs à ceux des cultures européennes; au contraire, les rendements y sont même un peu moindres, malgré les deux récoltes que, par exemple, dans les hautes terres du Vénézuéla, on fait dans une seule année.

D'après un tableau qu'a donné M. Boussingault [1], on voit, en effet, qu'au Vénézuéla on a par hectare 300 hectolitres ou 24 000 kilogrammes, tandis qu'aux

1. *Économie rurale*, t. I, p. 372.

environs de Paris, dans les cultures de M. Dailly, on a constaté 340 hectolitres ou 22 000 kilogrammes. Il convient de dire que, dans les cultures européennes, on emploie d'abondantes fumures que ne connaît pas le cultivateur vénézuélien. La pomme de terre réussit le mieux sous l'influence d'une température moyenne comprise entre 13 et 18 degrés ; sa culture décline quand la température augmente, et dans les régions très chaudes et très humides on a beaucoup de fanes et peu de tubercules. « Dans la Nouvelle Grenade, dit M. Boussingault [1], on trouve à côté de la pomme de terre, par conséquent sous le même climat, dans le même terrain, une plante des plus robustes, l'arracacha, dont la racine entre pour une forte proportion dans l'alimentation indienne. On en voit de belles plantations dans les localités dont la température moyenne et constante est comprise entre 15 et 22 degrés. A Bogota, la plante donne des graines au bout de huit à neuf mois. A Ibagué, M. Goudot en a suivi la culture avec beaucoup d'attention, la maturité s'accomplit en six mois [2], mais on en récolte assez rarement la graine, parce qu'on la reproduit par bouture en talon ; on coupe le collet de la racine de manière que la partie charnue devienne la base d'une touffe de pétioles. Cette base circulaire est divisée en segments que l'on met en terre en les espaçant de 6 décimètres.

« Les bourgeons pétiolaires apparaissent au bout de quelques jours, leur croissance est rapide, le sol est promptement garni. La récolte a lieu avant la floraison, et, comme pour la carotte, la racine est d'autant plus délicate, plus savoureuse, qu'elle est plus jeune. A Caracas, où l'arracacha a été introduit, on

1. *Mémoires d'Agronomie*, etc., t. III, p. 58.
2. Ibagué : Température 21°8. — Bogota : Température, 14°6.

l'arrache à l'âge de trois mois [1]. C'est au volume des touffes, à une légère chlorose que prennent les feuilles extérieures, que l'on reconnaît la période où la plante tend à monter en graine, c'est alors que l'on fait la récolte; les racines pivotantes, plus ou moins bifurquées, pèsent 2 à 3 kilogrammes. »

La récolte est considérable; elle paraît dépasser 40,000 kilogrammes, et elle constitue un aliment des plus importants. On voit donc que sur le littoral de la mer des Antilles on peut, sur les hauteurs d'une vaste propriété, obtenir des résultats vraiment exceptionnels, en choisissant bien les plantes qu'on devra y cultiver.

1. Caracas : Température 22°, altitude 916 mètres.

CHAPITRE XXIV

SUR LE FROMENT

Le blé froment est pour ainsi dire la seule plante alimentaire que l'Ancien Monde a donné au Nouveau ; il a prospéré dès son introduction. Il a donné des résultats très profitables dans les contrées chaudes arrosées; mais cependant le produit devient médiocre dans les régions du cacaotier et du caféier. De Humboldt accuse des rendements de 38 hectolitres et demi ou de 2962 kilogrammes par hectare, dans la vallée d'Aragua, au Vénézuéla; Codazzi, pour les parties tempérées du pays, n'indique que 12 hectolitres 3 dixièmes, ou en poids, 944 kilogrammes par hectare. D'après les observations de M. Boussingault, les limites extrêmes des températures moyennes pour sa culture profitable, dans les localités équinoxiales, sont 12° et 23°, et la température moyenne du produit maximum est celle de 18 degrés à 19 degrés. L'irrigation lui est particulièrement favorable. C'est le *Triticum sativum*, le froment printanier d'Europe, qui convient D'après M. Tejera, on le cultive dans quelques parties des Etats de Mérida, Trujillo et Barquisimeto, ainsi que sur divers points des autres États.

La production est abondante, à une température de 18°,33, à une altitude de 836 à 2340 mètres; il se récolte alors en trois ou quatre mois. Quand on le sème à 585 mètres au-dessus du niveau de la mer, et à une température de 23°,5, il se produit en quatre-vingts jours. Codazzi calcule que 60,000 personnes seulement consomment du pain de blé dans les villages où cette plante est cultivée. Mais la population y a été doublée, sans que ce produit ait suivi la même progression. Les plantations ont même diminué, de sorte qu'à peine peut-on considérer la récolte du blé dans les États de la Cordillière comme équivalant aujourd'hui à l'estimation de Codazzi, sans qu'elle ait augmenté d'aucune manière. Le produit total du blé, cette base étant admise, n'est pas supérieur à 6,624,000 kilogrammes. En présence de tant d'autres richesses agricoles du Vénézuéla, il n'y a pas lieu de conseiller la production d'un grain que fournissent abondamment tant d'autres pays.

CHAPITRE XXV

CULTURE DU MAÏS

Le maïs est le véritable grain de l'Amérique; dans les Cordillières tropicales, sa culture est profitable depuis le niveau de la mer jusqu'à une altitude de 2800 mètres, c'est-à-dire sous l'influence d'une température constante qui varie de 27°,5 à 14 degrés. Au Vénézuéla, sur le littoral de la mer des Antilles, et jusqu'à 500 mètres d'altitude, on peut en faire quatre récoltes par an sur le même terrain. D'après Codazzi, le rendement dans ces conditions est de 129 hectolitres, ou 9546 kilogrammes par hectare. Son usage est très répandu en Amérique. Il constitue avant sa maturité complète un légume qu'on mange cuit dans l'eau ou rôti ; on en fait des galettes qui remplacent le pain ; il sert à préparer une liqueur vineuse par la fermentation.

« Cette plante, dit M. Tejera, était cultivée sur la côte ferme quand Colomb la découvrit à son troisième voyage. Les Indiens en faisaient un pain qui est encore en usage dans toute la République. On en tirait aussi une boisson très agréable appelée *carato*, et une excellente et nutritive farine employée comme aliment sous diverses formes. Le maïs croît en trois mois depuis le niveau de la mer jusqu'à une altitude de 600 mètres; il produit en un mois de plus à une altitude de 1170 mètres, et à une plus grande élévation il demande six mois pour donner ses fruits. Ainsi, dans le Vénézuéla, on récolte le maïs trois ou quatre fois par an. En calculant que le cinquième de la population consomme du pain de maïs, à raison de quatre repas par jour, la consommation de ce pain est de 65,116,000 kilogrammes par an. Si l'on y ajoute la consommation des animaux domestiques, chevaux et mulets, qu'on ne peut pas estimer à moins de 35 millions de kilogrammes, et l'exportation qui, en 1872-1873, a été de 313,912 kilogrammes, on arrive à un total de 100,429,912 kilogrammes, ou 1,255,000 hectolitres pour la récolte du maïs dans le Vénézuéla. »

La culture du maïs est très simple, et elle réussit dans les sols les plus divers. Il suffit de placer la graine dans des trous peu profonds qu'on fait avec un bâton pointu lorsqu'on prévoit le retour des pluies pour être assuré d'une récolte. Les quadruples récoltes ne peuvent être obtenues au Vénézuéla que dans les terres arrosées et ayant reçu un labour, mais elles donnent de tels produits que ceux-ci constituent une richesse considérable dont il sera facile de profiter avec un peu d'industrie.

CHAPITRE XXVI

ÉLEVAGE DES ANIMAUX DOMESTIQUES

En présence des vastes étendues couvertes de prairies que présentent, après le retrait des eaux, les immenses Llanos du Vénézuéla, les agriculteurs de ce riche pays s'occupent peu de produire des fourrages. La végétation est à la fois luxuriante et extrêmement nutritive pour le bétail. Ce sont, d'après les observations de M. de Humboldt et de M. Boussingault, des graminées, des légumineuses, des malvacées, des mimosas, herbacées à feuilles irritables, des sensitives, comparables au trèfle et à la luzerne. Lorsque les premiers conquérants arrivèrent dans le Nouveau-Monde, aucun des animaux domestiques européens ne s'y trouvait. « Dans ces vastes solitudes, dit M. Boussingault, erraient çà et là le cerf tacheté, le daim (matacani), le cabri, le pécari, pâtures habituelles du lion sans crinière et du jaguar. » Le cheval, l'âne, le mulet, puis le bœuf, le mouton, enfin le porc, aussitôt importés, pullulèrent, grâce à la succulence de la nourriture et aux vertus du climat. C'est ainsi qu'aujourd'hui, dans le Vénézuéla, on trouve de nombreux troupeaux dont nous avons reproduit la statistique au chapitre VI de ce travail. Ces troupeaux diminuent pendant les guerres qui trop souvent ont dévasté le pays, mais ils se multiplient de nouveau aussitôt que la paix intérieure vient à régner. Il serait certainement facile, dans une grande propriété, touchant d'un côté à la mer, et de l'autre à des montagnes élevées, de profiter de la richesse et de l'abondance de la végétation, pour faire consommer aux divers animaux une grande quantité de nourriture perdue, en même temps qu'on pourrait aussi envoyer sur les hauteurs, lorsqu'on ne pourrait pas les conserver dans la plaine ou dans les vallées, les troupeaux améliorés dont on entreprendrait l'élevage.

Il existe, dans le Vénézuéla, des hommes qui s'adonnent avec une sorte de plaisir à l'entretien des troupeaux; ils aiment la vie errante et au grand air qu'il leur est donné de mener dans ces vastes solitudes où l'homme trouve abondamment et sans peine sa nourriture. Le succès de la multiplication des troupeaux de toutes espèces, chevaline, asine, bovine, ovine, porcine, démontre, sans qu'il soit nécessaire d'insister, que par des soins intelligents on pourrait obtenir certainement des résultats bien plus considérables.

D'un autre côté, il importe de remarquer qu'on ne pourra pas indéfiniment obtenir, avec des cultures épuisantes, dans le même sol, quelque riche qu'il soit, des récoltes abondantes, sans avoir recours à des engrais. Or, les fourrages produits par les Llanos et consommés par le bétail constitueraient naturellement, pour peu qu'on ait recours à des parcages, des fumiers où l'on pourra venir puiser les matières fertilisantes nécessaires à l'entretien de la fertilité des terrains exploités pour des productions annuelles.

Soit donc que l'on envisage l'élevage des troupeaux pour la production animale elle-même, et en vue de l'exportation, soit qu'on considère l'utilité qu'il présentera pour fournir aux fermes une base solide de prospérité, il faudra s'occuper de multiplier les animaux domestiques dans tout établissement agricole qu'on voudra fonder. La population actuelle du Vénézuéla ne consomme pas beaucoup de viande ; on estime que la huitième partie seulement des habitants en mange ; mais l'exportation des animaux domestiques et particulièrement des peaux a déjà donné des résultats très avantageux. Cela continuera certainement, soit qu'on puisse embarquer des animaux vivants, soit qu'on s'occupe d'expédier vers l'Europe les viandes conservées. Depuis peu d'années seulement, on s'occupe de préparer les peaux pour l'exportation. Quoiqu'on eût en abondance, dans le pays même, des matières tannantes extrêmement variées, on ne travaillait pas les peaux, on les embarquait à l'état vert ou séchées. Un grand nombre d'autres dépouilles animales pourront être traitées avec avantage. Aussi bien que par ses richesses végétales, l'agriculture vénézuélienne peut fournir par l'élevage des animaux, et à bas prix, un grand nombre de produits qui trouveront un écoulement facile dans les ports d'Europe ou même des États-Unis d'Amérique. La pisciculture elle-même, qui n'est exploitée convenablement ni à la mer, ni dans les rivières ou les fleuves, méritera de fixer l'attention, en présence des hauts prix que quelques produits atteignent sur les marchés de l'Ancien-Monde.

La production en lait, en beurre et en fromage, que l'on a constatée au Vénézuéla, est vraiment remarquable, et c'est à ce point que l'on peut se demander s'il n'y a pas quelque exagération dans les évaluations qui ont été données et que nous avons reproduites. Mais, même en faisant de fortes réductions, les résultats qu'on obtiendra seront encore suffisants pour constituer une large rémunération de toute entreprise bien conduite.

CHAPITRE XXVII

ORGANISATION FINANCIÈRE

Il est désormais possible de donner un aperçu de l'organisation financière de l'entreprise qui a été décrite au chapitre VIII, et des résultats qu'on en peut attendre.

Les documents que M. Delort a fait passer sous nos yeux démontrent tout d'abord que, le long du littoral des Antilles, à partir de quelques kilomètres de la Guaira, à peu près vers le méridien de Caracas et en se dirigeant vers l'orient jusqu'à une petite distance du Rio-Chico à 55° de longitude orientale, 250,000 hectares de terre peuvent être achetés immédiatement pour la somme d'un million de francs, soit 4 francs par hectare. Sur ces terres, il y a de nombreuses vallées, avec des cours d'eau abondants, pouvant subvenir à de larges irrigations à des altitudes successivement croissantes. Les terres sont étagées de telle sorte qu'on peut y faire les cultures les plus variées durant toute l'année, attendu la perpétuité, sous l'Équateur, du climat propre à chaque altitude. En bas, le cacaoyer, la canne à sucre, le tabac, avec le bananier ; un peu plus haut, le caféier, le cotonnier ; partout le maïs ; le bananier et le cocotier sur un grand nombre de points, sans compter une foule de plantes tropicales qui donneront des produits recherchés, tandis que sur les parties hautes des plateaux des fourrages irrigués permettront l'élevage d'un nombreux bétail. Les forêts seront maintenues là où elles existent; les parties incultes seront boisées. Même en supposant qu'une forte portion de la surface acquise ne pourrait être mise en exploitation, le prix d'achat est d'un bon marché qui mérite d'autant plus de fixer l'attention que de nombreuses parties du vaste domaine sont propres aux cultures les plus riches. Dès maintenant, des engagements ont été souscrits par certains propriétaires entre les mains de M. Delort.

Un des premiers soins pour la mise en exploitation doit être d'établir ou de remettre en état les voies de communications entre les points principaux de l'administration de la propriété. Les devis qui nous ont été soumis démontrent qu'il faudrait consacrer à cette dépense une somme de 150,000 francs pour la partie montagneuse, de 100,000 francs pour les vallées, soit en tout 250,000 francs. Il y aura quelques travaux d'art à exécuter; ils sont compris dans cette dépense.

Les irrigations existent déjà sur une partie des terres; il y aura à les étendre et à mieux aménager les eaux; mais les travaux à faire ne consisteront que dans de petits barrages, et l'ouverture de quelques fossés en terre. Une somme de 100,000 francs y suffira. On devra plus tard les exécuter à des altitudes croissantes.

Le devis suivant a été établi pour les constructions et l'achat du matériel:

Los Caracas et Osma	47,000 fr.
Uritapo	34,500
Todasana	15,000
Panécillo	20,000
Caruao	28,500
Chuspa	15,000
Parcs pour bestiaux, maisons de gardiens, etc	50,000
Aires pour séchage du cacao	15,000
Aires pour séchage du café	24,000
Machines pour café	180,000
Outils aratoires et charrues	80,000
Maison de l'administration, bureaux, magasins, etc	170,000
Total	679,000 fr.

Nous pensons que les machines ci-dessus indiquées devront être perfectionnées et qu'il faut en augmenter le prix d'achat de moitié; nous estimons aussi qu'il faut prévoir d'urgence l'établissement d'une sucrerie pour laquelle 500,000 francs sont nécessaires, d'une distillerie, d'une huilerie et d'ateliers divers pour la préparation des matières textiles, la fabrication des sacs, la préparation de pâte à papier, la fabrication du tapioca, etc., et nous portons à 1,500,000 francs au lieu de 679,000 francs l'ensemble des dépenses de ce chapitre.

Il est nécessaire d'avoir des animaux pour la culture : bœufs, chevaux, mulets, ânes. Il faudra aussi entretenir dans les fermes des troupeaux de vaches et de taureaux, avoir des porcs et des moutons. Pour le tout une avance de 300,000 francs nous paraît convenable.

Dans le Vénézuéla, partout où des animaux sont entretenus, le revenu est au moins de 25 p. 100, tous frais payés. Par conséquent ce sera loin d'être une charge pour l'exploitation de la propriété.

Il faut prévoir les dépenses de main-d'œuvre pour

cultures. Les unes, en ce qui concerne les cultures annuelles, seront remboursées dans l'année même, et pour plusieurs cultures, comme on l'a vu dans divers chapitres de ce rapport, au bout de trois ou quatre mois, de telle sorte même que, contrairement à ce qui se passe en Europe, où il faut attendre une année, le capital de culture se trouve rapporté trois et quatre fois dans l'espace d'un an. Mais il est d'autres productions, celles du cacao et du café, qui, pour les plantations nouvelles, exigeront quatre et cinq ans avant la production. Pour estimer les avances, on a une base expérimentale dans le Vénézuéla même ; on compte, d'après la pratique, qu'un pied de cacaoyer arrivé en rapport a coûté 1 franc ; et un pied de caféier 50 centimes. D'après l'évaluation des plantations nouvelles de cacaoyer (374,000 pieds) et celles du caféier (4,100,000 pieds), on aura pour les dépenses de plantations et de frais de culture, savoir :

Cacaoyer........	374,000 fr.
Café............	2,050,000
Total.......	2,424,000 fr.

La récapitulation donne les résultats suivants :

Acquisition de la propriété..........	1,000,000 fr.
Voies de communication...........	250,000
Travaux d'irrigation................	100,000
Construction et achat du matériel...	1,500,000
Bétail............................	300,000
Plantations de cacaoyers et de caféiers.	2,424,000
Total..........................	5,574,000 fr.

En portant à 6 millions le capital total exigé pour l'entreprise, on aura fait largement la part de l'imprévu.

L'étendue cultivée pour la production des cacaos

sera, en y comprenant les anciennes plantations et les nouvelles, de 976 hectares, et pour celle du café, de 2225 hectares, soit en tout 3201 hectares. On devra compter une surface égale pour les autres cultures, de telle sorte que l'exploitation directe et intensive ne portera que 6500 hectares environ, c'est-à-dire sur une très faible partie des propriétés acquises. Mais dans les riches cultures arrosées, que nous avons conseillées, le produit net, tous frais payés, ne sera pas moindre, par année, de 400 francs par hectare. On aura donc un revenu total minimum de 2,400,000 fr., sans rien compter pour l'exploitation des forêts, et de toutes les productions naturelles des immenses surfaces entourant les terres exploitées. C'est un revenu de 40 pour 100 du capital. Il est très vrai qu'on ne parviendra pas immédiatement à ce produit : car, ainsi que nous venons de le dire, les plantations nouvelles ne fourniront leurs produits complets qu'au bout de cinq ans. Mais, d'un autre côté, le capital ne sera pas immédiatement dépensé, et on ne l'avancera que successivement. Dès maintenant, avec les plantations de cacaoyers et de caféiers qui existent, en les conduisant bien, on peut, d'après nous, obtenir un revenu net de 160 000 francs, soit 2.70 pour 100 du capital total. En ne comptant que 400 francs par hectare pour les cacaoyers et les caféiers comme produit net, nous mettons un minimum extrême dont nous conseillons l'emploi avant même qu'il en soit appliqué autre chose que la partie nécessaire à l'achat. Si l'on n'avançait que le capital d'achat, soit un million, en supposant qu'on ne fît que ce qu'on fait actuellement, on aurait un revenu immédiat de 15 pour 100, de telle sorte que l'achat seul de la propriété décrite au chapitre VIII serait déjà une excellente opération, sans y faire aucun des établissements que nous conseillons de toutes nos forces.

CHAPITRE XXVIII

CONCLUSIONS

Les conclusions de notre travail ressortent d'elles-mêmes. Il n'est pas douteux qu'une grande entreprise agricole faite sur des terrains situés de manière à présenter de riches vallées aboutissant à la mer et s'élevant insensiblement jusqu'à une altitude de 700 mètres et plus doive donner des produits considérables. Dans de pareils terrains, on trouve, en effet, d'abord tous les moyens propres à établir des irrigations sans lesquelles la permanence de résultats prospères ne saurait être assurée. On y trouve, en outre, des sols d'alluvion très riches qui pourront longtemps produire avant de s'épuiser. Mais une raison plus déterminante encore du succès, c'est que, dans une telle propriété, on peut obtenir des denrées extrêmement recherchées dans le monde entier, alors qu'un nombre très restreint de pays peut les produire.

En première ligne, il faut placer la culture des cacaotiers dans les très faibles altitudes, puis celle des caféiers quand on s'élève un peu davantage. L'expérience a prononcé sur l'excellence de la qualité du cacao et du café du Vénézuéla. Leur production donne de larges profits ; ceux-ci seront bien plus considérables lorsque les qualités seront particulièrement soignées.

Il est vrai que les nouvelles plantations à faire ne donneront des produits qu'au bout de quelques années. Mais par la culture du tabac et par celle de la canne à sucre, dans l'année même des plantations, on obtiendra des récoltes rémunératrices.

La production du coton et des plantes textiles propres aux régions équinoxiales telles que l'agave et le cocotier, ce dernier donnant en même temps une huile extrêmement abondante, devra être ensuite entreprise; elle fournira de riches récoltes.

Comme plantes alimentaires et susceptibles en même temps de fournir des matières premières pour l'industrie et le commerce, comme pour la nourriture du bétail, il faudra s'occuper du bananier et du maïs. Le bananier est d'abord nécessaire pour les cacaoyers, et le maïs donne un grain si abondant qu'il n'est pas possible de ne pas s'arranger pour en tirer parti. Quelques autres plantes, telles que le manioc et l'arracacha, devront être cultivées.

Une foule de productions de baumes, de résines, de matières médicinales, tinctoriales, tannantes, etc., donneront accessoirement des profits certains, sans exiger un accroissement dans les frais, une fois que les familles de colons seront établies dans les domaines exploités.

Le bétail sera lui-même une source de richesse pour le présent et de sécurité pour l'avenir.

Pour que les diverses spéculations agricoles soient faites avec certitude de réussir, il sera nécessaire d'amener des travailleurs connaissant, pour les avoir pratiquées, les cultures ou les opérations que l'on voudra établir, par exemple, des planteurs de cannes à sucre ou de tabac venant de Cuba, ou bien des ouvriers habiles au travail des textiles venant des îles Philippines. En même temps, il faudra avoir soin d'avoir aussi des irrigateurs expérimentés. Le bon aménagement des eaux est la première condition de la prospérité de l'entreprise.

Des industries annexes des exploitations agricoles, avec un bon outillage, devront être montées pour la transformation des matières premières. Aussi des sucreries, des distilleries, des huileries, des fonderies de suif, des tanneries, etc., et même des filatures et des tissages.

Toutes ces choses ne pourront pas se faire dès le premier moment. On devra procéder successivement, en commençant par les cultures et les établissements qui donneront des résultats immédiats et dès la première année. Déjà, avec les cacaotiers et les caféiers qui existent et avec le tabac que l'on pourra immédiatement planter, il sera possible d'obtenir une rémunération très large, tant de l'achat des propriétés que du premier capital d'exploitation.

Les documents et les calculs que M. Delort nous a communiqués ne laissent aucun doute à cet égard. Les faits d'une vérité indiscutable que nous avons rapportés dans les différents chapitres de ce travail donnent d'ailleurs une démonstration si complète que l'on ne peut que se ranger à l'opinion émise par de Humboldt, au commencement de ce siècle, que le Vénézuéla est vraiment le pays de la richesse.

TABLE DES MATIÈRES

2103. Imprimerie A. Lahure rue de Fleurus 9, à Paris.

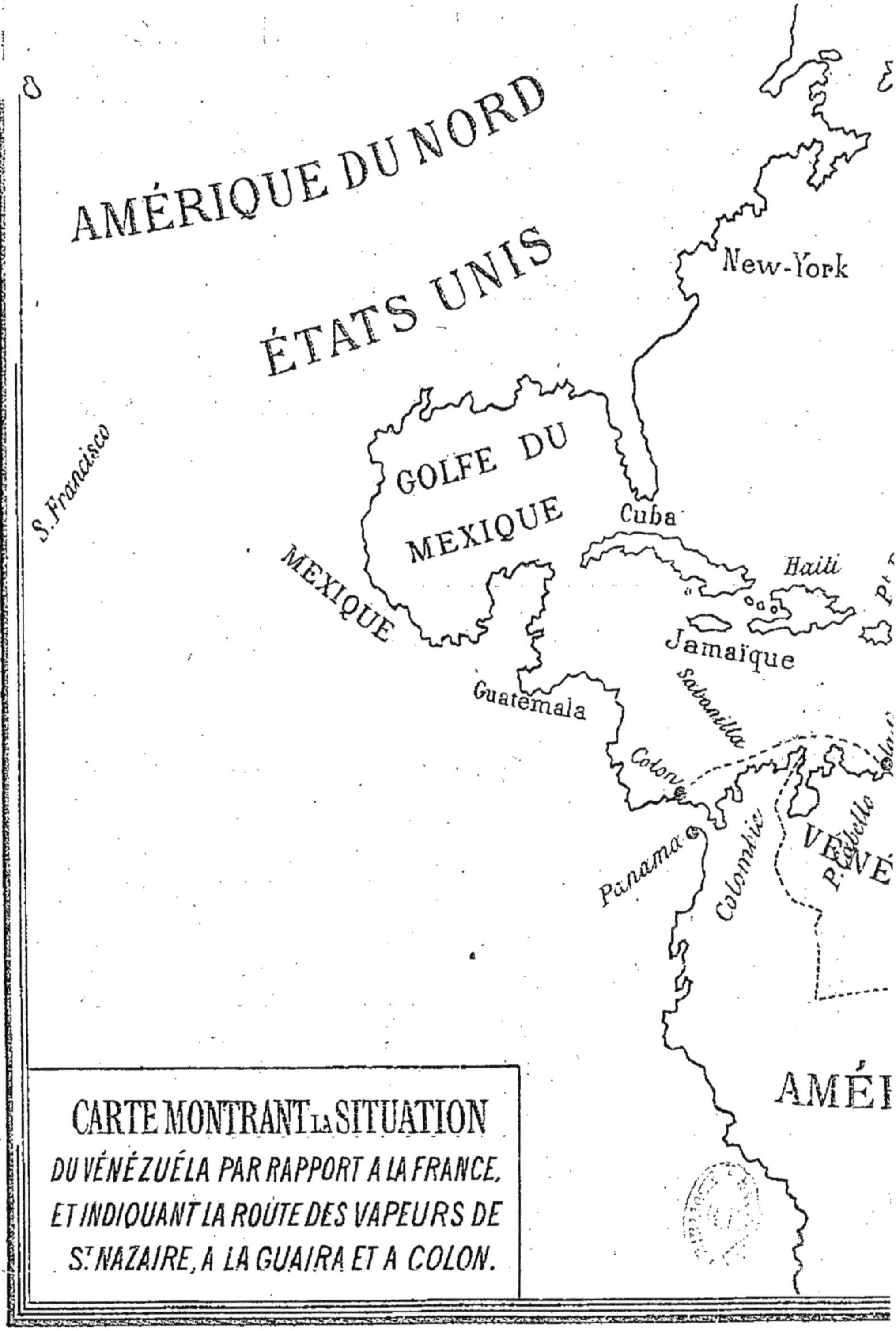

AMÉRIQUE DU NORD

ÉTATS UNIS

New-York

S. Francisco

GOLFE DU MEXIQUE

MEXIQUE

Cuba

Haïti

Jamaïque

Guatemala

Sabanilla

Colon

Panama

Colombie

P. Cabello

CARTE MONTRANT LA SITUATION

DU VÉNÉZUÉLA PAR RAPPORT A LA FRANCE, ET INDIQUANT LA ROUTE DES VAPEURS DE St NAZAIRE, A LA GUAIRA ET A COLON.

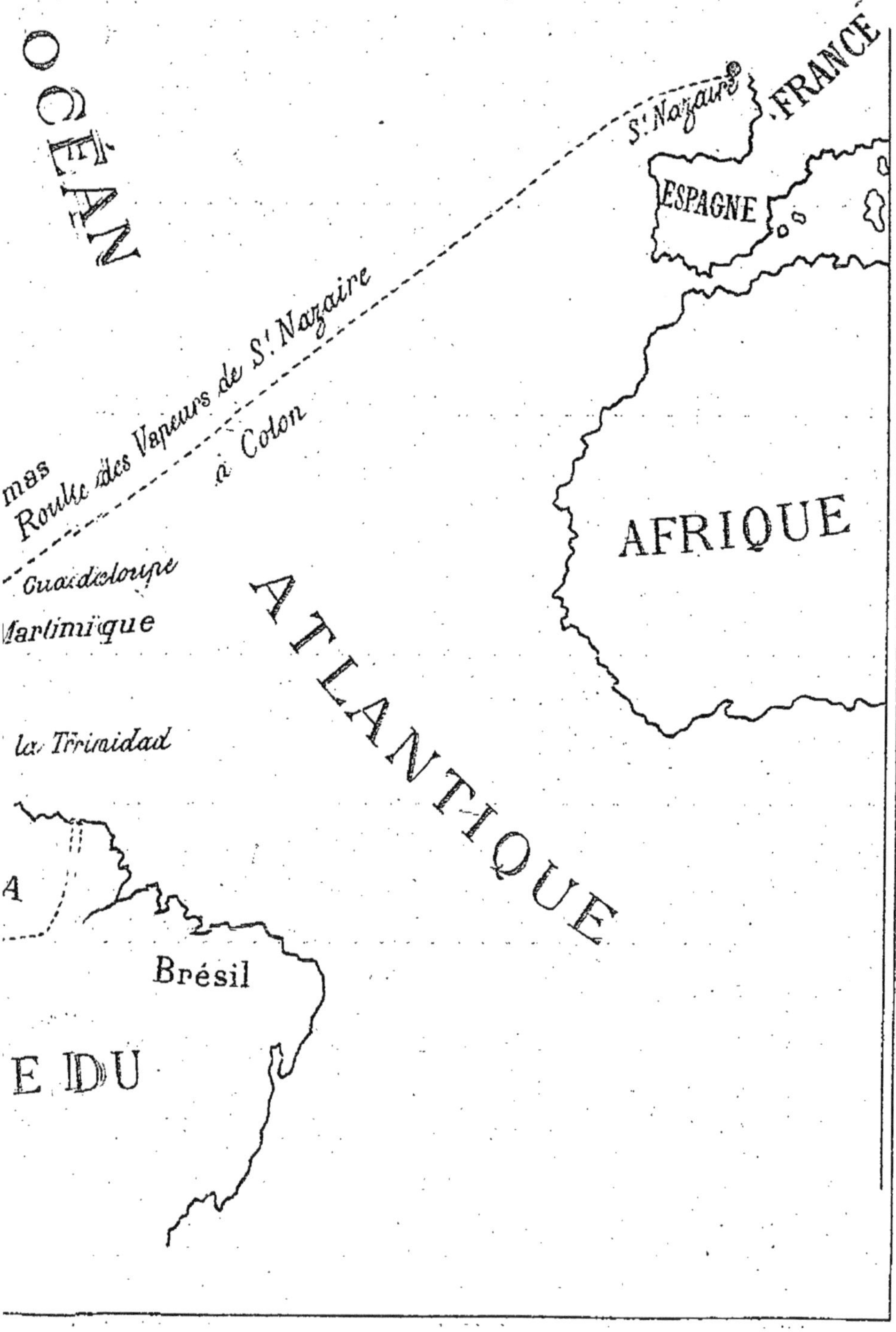

OCÉAN

FRANCE

S.t Nazaire

ESPAGNE

Route des Vapeurs de S.t Nazaire à Colon

mas

Guadeloupe

Martinique

la Trinidad

AFRIQUE

ATLANTIQUE

A

Brésil

E DU

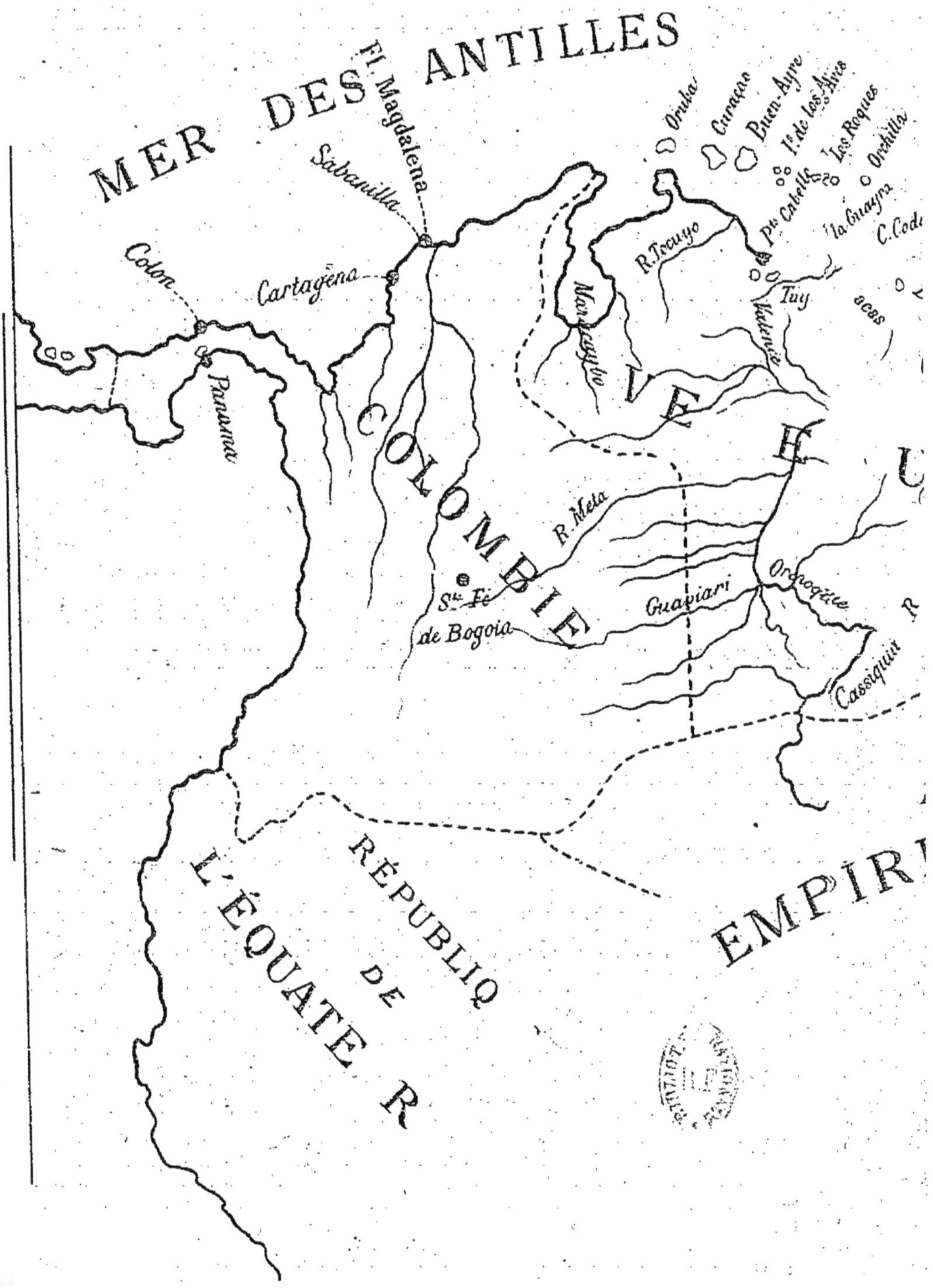

MER DES ANTILLES

Fl. Magdalena

Sabanilla

Colon

Cartagena

Panama

Oruba

Curaçao

Buen-Ayre

Is de los Aves

Los Roques

Orchilla

Pto Cabello

la Guayra

R. Tocuyo

Maracaybo

Valencia

Tuy

COLOMBIE

R. Meta

Ste Fé de Bogota

Guaviari

Orenoque

Cassiquiare

RÉPUBLIQ DE L'ÉQUATEUR

EMPIR

la Martinique

Ste Lucie

S. Vincent

la Barbade

Margarita

Tobago

Trinidad

Bies de l'Orénoque

OCÉAN ATLANTIQUE

Fl.

Caroni

Cuyuni

LA

GUYne ANGLAISE

GUYne HOLLANDAISE

GUYne FRANÇAISE

R. Maroni

Bies du Fl. des Amazones

gro

DU

BRÉSIL

Amazones Fl

CARTE MONTRANT

LA SITUATION DU VÉNÉZUÉLA

PAR RAPPORT A PANAMA

2103. — PARIS, IMPRIMERIE A. LAHURE
9, Rue de Fleurus, 9

www.ingramcontent.com/pod-product-compliance
Ingram Content Group UK Ltd.
Pitfield, Milton Keynes, MK11 3LW, UK
UKHW022059190726
13855UKWH00002B/558